고전으로 본 전통머리

조성옥 · 이인희 공저

光文閣
www.kwangmoonkag.co.kr

머리말

미용의 역사는 단순히 인간의 외형뿐만이 아니라, 인간이 추구하는 아름다움[美]은 동서고금을 막론하고 아름답기를 추구하고자 학문과 창조에 의해 계승 발전하였다.

산업발달과 정보통신의 발달로 생활수준이 높아지고 미에 대한 욕구가 더 다양해지면서 창의적인 현실 속에서 대중이 요구하는 필요성과 중요성을 느끼게 된다. 미용의 다양성은 각기 시대의 발달과정과 특유한 문화에 따라 변화되었고, 그에 따른 발달 과정은 그 시대의 역사와 환경에 따라 각기 다르게 진보해 왔다.

전통 머리의 개념은 미용 관련 문화와 문헌을 통해 그 시대의 표현과 조화를 이루면서 그 속에서 자신만이 추구하는 멋을 체계적으로 서술하였다. 지금껏 알고 있었던 단편적인 지식보다 구체적으로 올바르게 습득하여 기술적인 면과 창의적인 면을 교육 과정을 통해 기초 지식과 실기를 바탕으로 습득하는 것을 중요시하였다.

본서는 전통 머리에 입문하기 위한 학생들과 관심 있는 실무자들에게 기본 개념과 기초 지식을 학습할 수 있도록 전문가들의 의견과 문헌에 의해 저술되었다.

지금 각 대학에서는 전통 머리에 관련된 학과가 개설되고 있으며 무엇보다도 이 책의 특징은 한국인에게 맞는 전통 머리에 염두를 두고 썼다는 것이다.

본서를 저술하기 위해 정성을 기울여 책을 만들었지만 많은 아쉬움이 남는다. 앞으로 부족한 부분을 새롭게 수정, 보완할 것이며, 전통 머리에 관심을 가지고 있는 모든 분들에게 본 교재가 도움이 되었으면 한다.

끝으로 본서의 출판을 위해 힘써주신 김영태 한양대학원생, 광문각출판사 박정태 사장님과 편집부 직원들에게도 감사를 표한다.

2011년 8월

저자 일동

이론 편

실기 편

이론 편

01 청동기, 상고시대

1. 청동기시대의 배경

우리나라의 경우 처음으로 국가로서의 형태를 갖춘 나라들은 고구려, 백제, 신라가 등장하기 전까지 시대를 말하는 것이다.

그보다 더 먼 옛날 전설로 남아 있고 신화로 남아 있는 그런 옛날을 말하는 것이며, 중국은 주(周), 진(秦), 한(漢)나라를 거쳐 다시 천하가 크게 분열되고 있을 때이다.

그중에서도 충청남도 대전에서 발견된 청동기 시대의 유물은 국내에서 발견된 상고시대의 유물로써는 가장 오래된 것이며 씨족사회, 부족사회를 거치면서 여성들은 머리를 다듬고 손질했을 것이다.

또한, 농경 작업 모습을 보여주는 모습은 뚜렷하지 않으나 사람의 머리 모양을 하고 있는 것으로 더욱 흥미를 갖게 한다.

남자의 머리는 상투를 하고 있는 모습이 있다.

대륙의 경우엔 상고 시대의 유물이 상당히 많이 발견되었다.

그중에서 간쑤[甘肅]성에서 발견된 도자기 병과 주전자, 청해(靑海)에서 출토된 도자기 항아리와 화분 등에는 여성의 얼굴을 그린 채색화가 들어 있고, 머리 모양은 상당히 구체적으로 형상화되어 있다.

결국 머리 모양을 추론해 보면, 당시 여성들이 어떻게 머리를 다듬어 왔는지, 여성의 머리 모양이 어떤 용어를 사용했는지는 다음과 같다.

1) 피발(披髮)

사람들은 예나 지금이나 여성의 머리 모양을 말할 때 그 형상이나 만들어진 곳에 연유나 명칭을 붙여 왔다. 가장 오래된 표현은 '머리 발(髮)' 이고 형식으로 가장 오래된 것은 '헤칠 피(披)' 자를 쓰는 피발(披髮), '흐트러트릴 피' 자를 쓰는 피발(被髮)이다.

구석기 초기에 3만 년 전으로 추정되고 신석기시대인 2000년에서 3000년 전으로 추정하고 있지만 유물은 거의 없다.

주(周)나라 말기부터 진(秦)나라, 한(漢)나라 때까지의 《예기(禮記)》에는 우리나라를 이(夷)라 표기하고 머리를 풀어헤치고 다니며 몸에 글자나 그림을 새겨 놓았다 해서 피발문신(被髮文身)이라고 기록해 놓았다.

화매가 지은 《중국복식사(中國服飾史)》에 피발한 사람들이 모두 풀어헤쳐 어깨 위로 늘어뜨린 원시 상태의 머리 형태이다. 그러므로 피발은 자연 상태의 머리 모양으로 전혀 손질하지 않은 머리 형태를 말한다.

우리나라에는 피발하는 모습이 종종 기록되어 있다. 부모나 스승이 돌아가셨을 때 머리를 풀어헤치고 스승이 계신 곳을 향하여 엎드려 곡을 하였다.

가장 오래된 머리 모양은 한 번도 자르지 않은 머리이다. 즉 도구로 자를 필요성이 없는 머리를 말한다. 농업과 가사에 종사했던 여인들이 불편하게 여겨 새로운 머리 모양을 매만지기 시작하여 옷의 변화와 연관되었으며, 이 땅에 머리모양의 시작점이 되었다.

2) 속발(束髮)

속발은 머리털을 가지런히 하여 흐트러지지 않게 잡아 묶은 머리를 뜻한다. 이마에서 묶었건 위에 묶었건 묶은 머리는 뒤로 늘어 뜨려야 불편하지 않았을 것이다. 머리카락을 맨 것은 긴 머리카락이 일을 하는데 지장이 없도록 바람에 휘날리지 않게 하기 위해서다.

머리카락을 무한정 길게 기르지 않고 적당하게 자르거나 일할 때 방해가 되지 않게 끈을 사용하여 묶었을 것이다.

머리카락을 잘랐을 때 쓰인 도구는 구석기시대의 유물로 쓰이는 날카로운 돌로 찍거나 자를 때 사용하였을 것으로 추정한다.

속발은 빗이나 비녀가 발명되기 이전의 머리 모양이고 속은 '묶을 속(束)' 자로 표현한 것이다.

3) 수발(垂髮)

속발의 시대는 빗의 발명으로 인해 다른 양상을 띠게 되었는데, 이때 나타난 머리 모양이 바로 수발이다.

수(垂)는 '늘어질 수'로 머리카락을 늘어뜨린 형태를 말한다. 빗과 비녀의 발명은 속발 시대의 여성을 더욱 아름답게 만들기 위해 빗과 비녀와 유사하게 생긴 짐승의 뼈를 이용해 머리카락을 하나로 모아 풀리지 않게 효과적으로 사용하였다.

기원전 약 3000년경부터 우리나라에 빗과 비녀가 사용되었다.

수발은 이렇게 빗과 비녀의 발명이 이뤄지면서 여성의 모습을 크게 변화시킨 머리 모양이다.

4) 변발(辮髮), 편발(編髮)

변발은 편발(編髮)로도 통하는데 변(辮)은 '땋을 변'으로 글자 그대로 머리 모양의 형상에서 비롯된 명칭이다. 머리를 땋아 늘어뜨린다는 부류에 같이 속하는 것이며, 기교와 멋을 구사해서 꾸미는 머리 모양이다.

조선조 영조 때 발간된 《동국문헌비고(東國文獻備考)》에 변발이 등장한 단군 시대의 일을 기록해 놓은 자료가 가장 신빙성이 있다. '단군 원년(檀君元年) 교민편발개수(敎民編髮蓋首)' 즉 이 말은 단군이 다스리던 첫해인 기원전 2333년에 백성을 가르치기를 머리카락을 땋아 고개를 덮도록 했다는 것이다.

2. 상고시대의 머리 모양

장천1호분(고구려 고분)의 야유도를 보면 마당에 나와 있는 백성들이 나오는데, 거기에 땋은머리를 한 남자가 나온다. 그러므로 미혼 여성들도 땋은 머리를 했을 것으로 보인다.

땋은 머리는 현대에 와서는 신분의 구별이 없어졌지만 태어나 처음으로 하는 배씨머리, 두 번째로하는 바둑판머리, 세 번째 열살 전후의 앳된 종종머리, 결혼 전 댕기머리는 여성들의 머리 모양이다.

변발은 머리카락을 땋아 늘어뜨린 머리 양식을 말하며, 댕기머리는 '단기'머리에서 나온 것으로 한민족의 뿌리 역사인 단군의 단에서 기도하는 의미 또는 단군의 깃발에서 온 것이다.

관례를 올리지 않은 사내나 시집가지 않은 여자가 머리를 땋은 변발(댕기머리)는 몽골 발음으로 캐콜(금취아)이며 변발, 편발, 승발, 삭두, 피발, 추계라고도 한다.

아이가 태어나서 3개월 말일쯤에 남녀를 구분하여 각(角)·려(廬)로 나누었으며, 예의를 갖추기 위해 권책(卷責)과 넓은 수건인 폭건(幅巾)을 사용했다.

상고시대 관모는 원시 형태이면서 기본은 건(巾)을 이용했다.

두발이 흘러내려오는 것을 감쌌을 것으로 추정한다.

채엽총에서 출토된 '채화칠형'에 나타난 인물의 형상을 보면 이마를 넓게 보이기 위해 머리카락을 뽑거나 머리카락을 굵고 진하게 그린 것으로 보아 요즘 여성들이 즐겨하는 문신이 마한과 진한 사람에 의해 이미 행해졌음을 알 수 있다.

3. 상고시대의 복식

상고시대의 기본 복식

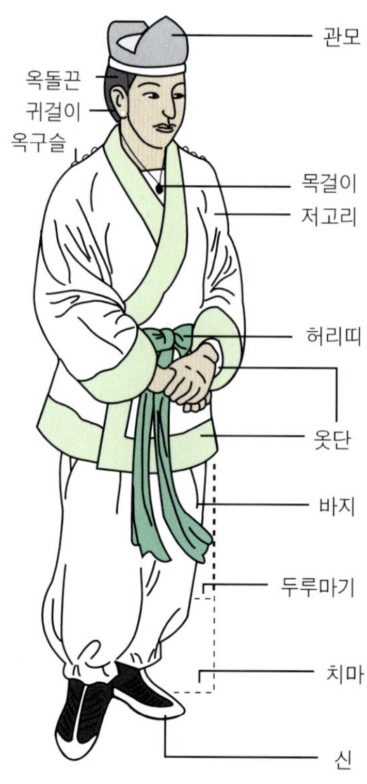

| 용과 학을 탄 신선

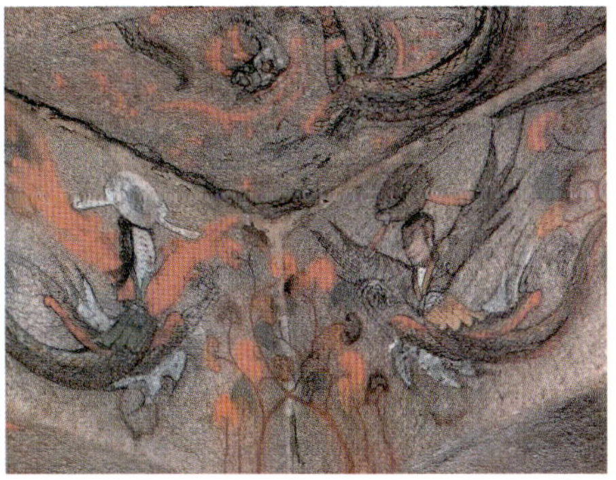

| 해와 달의 신 – 오회분 제4호묘

4. 상고시대의 화장

화장이란 말 자체보다는 '장식', '단장', '야용' 이란 말들이 먼저 쓰였고, 개화가 되면서 외래 문물이 들어오면서 '화장' 이란 말을 하게 되었다.

단군신화에 나오는 곰과 호랑이가 쑥과 마늘을 먹으면서 햇빛을 보지 않게 동굴을 나가지 않고 백일을 있는 내용이 있다. 이를 보면 쑥과 마늘이 미백 효과가 있다는 것을 입증해 주는 것이라고 할 수 있다.

《삼국지》 〈위지 동이전〉에 보면 "북방에 거주하던 읍주인들은 겨울에 돼지 기름을 얼굴에 발랐다.", "남방에 거주하던 변한인들은 얼굴에 문신지창을 했다."라는 기록이 있다. 이를 보면 삼국이 생겨나기 훨씬 전부터 화장하는 기술이 발달해 왔음을 알 수 있다.

02

삼국시대

1. 삼국시대의 시대 배경

고구려, 백제, 신라는 중국과 교류하면서 시대적 발전이 되었다. 삼국시대 전기는 중국에 후한(後漢), 위나라, 진(晉), 남북조(南北朝)시대 여러 나라가 우후죽순처럼 생기고 사라졌으며, 삼국시대 후기의 중국은 수(隨), 당(唐)시대로 대두되던 시기였다.

2. 삼국시대부터 조선시대의 얹은머리형

삼국시대부터 조선시대의 가계를 환계형(環髻形), 쓰개형, 고계형(高髻形), 다계형(多髻形), 얹은머리라는 다섯가지 유형으로 구분하였다.

1) 환계형

두상의 양쪽으로 환계를 만들고 체를 더해 형태를 만드는 것이고, 철사나 목재로 만들기도 하고 궁중이나 상류계층에 착용하였다.

2) 쓰개형

관모와 같이 일정한 양식을 유지하고 필요에 따라 탈부착이 자유로운 것이 특징이며 머리에 쓰는 것을 말한다.

3) 고계형

땋지 않은 체(鬄)를 이용해 높게 올리는 형태이다.

4) 다계형

두발에 체(髢)를 더하여 두 개나 세 개의 계(髻)를 만드는 형태이다.

5) 얹은머리형

체(髢)를 더한 두발을 머리에 얹어 고정하는 양식이다.

우리나라의 고전 머리 모양을 말할 때 가장 많이 등장하는 용어는 얹은머리이다.

얹은머리형 가계는 상고시대부터 조선시대까지 지속적으로 유지된 고유성을 지닌 가계다. 삼국시대 얹은머리형은 땋지 않은 체를 얹은 형태를 살필 수 있었으며, 고려시대에는 운고(雲髻), 잠운고(簪雲髻), 운진의 기록을 통해 체를 이용한 얹은머리형 가계를 확인할 수 있다. 고려시대와 조선시대를 거치면서 한국적인 가계로 정착되었다고 볼 수 있으며 전통 머리 모양을 말할 때 빠지지 않고 등장한다.

얹은머리라는 명칭이 처음부터 분명하게 머리 모양의 이름으로 사용되었음에도 불구하고 훗날로 오면서 머리카락을 위로 올려 만든 모든 머리 모양의 대명사로 알려져 있다.

또한, 머리 모양 이름인지 아니면 얹혀진 형태를 말하는 것인지 분간이 되지 않아 혼선이 되고 있다.

조선시대 가체 금지령이라는 큰 고비를 넘긴 후 남아 있게 되었는데, 원래 모습에서 다소 변형된 모습을 하고 있었지만, 얹은머리로 표현하고자 한다.

3. 시대별 얹은머리형

- 상고시대(초기 형태의 발달)
- 삼국시대(땋지 않은 체를 올린 형태의 공존)
- 조선시대(땋은 체의 얹은 머리, 후계 정립)

○ 환계형 – 삼국시대(두상 위에 누운 타원 형태)
고려시대(두상 위에 세운 나비 형태)
조선시대(목제로 대체)

- 쓰개형 - 삼국시대(건귁의 착용과 기록)
  고려시대(얇은 천으로 길게 느리거나 장옷의 형태로도 쓰여졌다.)
  조선시대(대수정립, 족두리, 어유미, 차액)
- 고계형 - 삼국시대(두상에서 하나로 높게 올린 형태)
- 다계형 - 상고시대(아계의 기록)
  삼국시대(2~3개의 계양)
  고려시대(특수계층의 사용)
  조선시대(미혼녀의 사양계, 낭자 쌍계)

4. 얹은머리의 종류

쌍영총 공양 행렬도의 얹은머리, 수산리 고분 행렬도 중 묘주부인 얹은머리, 무용총, 시녀 얹은머리

얹은머리형 가계는 제시된 안악 2호분 벽화에서 찾아볼 수 있다.
양쪽 볼 옆으로 두발의 일부를 남기고 얹은 형태가 있다.

1) 높이 올린머리

높이 올린머리는 크게 가체를 이용한 고계와 중앙을 높이 올리고 후두부를 늘어뜨린 고계 두 가지로 나누어 볼 수 있다.

2) 얹은머리

머리를 뒷머리로부터 앞머리로 감아 돌려 끈은 앞면 중앙에 감아 꽂은 모양이다. 얹은머리를 하는 방법으로는 두 가지 방법이 있는데, 첫 번째 방법은 머리를 그대로 올리는 방법과 땋아서 올리는 방법이 있다.

3) 묶은 중발머리

중발머리의 묶은머리 형태는 백제의 금동용봉 봉래산 향로에 부조된 주악상의 묶은 머리형태를 제외하고는 대부분이 무용총의 시녀 공양도와 같이 뒤로 묶여 있다.

4) 쪽진머리

두발을 뒤통수에 낮게 따거나 틀어서 고정시키는 형태의 머리 모양으로 여러 가지 모양의 비녀나 차를 사용한다.

5) 상투

상투를 트는 방법에는 한 개의 상투를 정수리에 트는 방법과 머리 좌우에 한 개씩 쌍상투를 튼 방법 두 가지가 있다.

6) 변발

장천 1호분의 야유도에 보면 마당에 나와 놀고 있는 백성 중에 머리를 땋아 뒤로 길게 늘어뜨린 변발의 형태를 볼 수 있다.

7) 푼기명머리

좌우 양 볼에 머리의 일부를 늘어뜨린 모양으로 머리를 셋으로 나누어 한 다발의 머리는 뒤로 하고 두 다발의 머리채는 좌우의 볼 쪽에 각각 늘어뜨리는 것으로 삼실총 벽화의 여인 인물도에서 볼 수 있다. 푼기명머리는 중국에서 유입된 머리 모양으로 여사잠에도 잘 나타나 있다.

5. 삼국의 복식

삼국시대에 사용하였던 변상관모(弁狀冠帽)는 삼각관모로 운두가 솟고 영뉴(纓紐 : 관모의 끈)가 달렸고 전시에는 조우(鳥羽)를 꽂아 전투모로 사용하였다고 한다.

유(襦 : 저고리)의 길이는 길고 직령교임제(直領交任制)로서 소매는 착수(搾袖)이고 허리에 매는 대는 행동을 간편하고 무기의 패용에도 널리 사용되었다.

고(袴 : 바지의 총칭)는 가랑이가 따로 떨어져 말을 타는데 동작이 자유로워 불편함이 없고 장화를 착용해서 산야를 달리는데 편리하였고 모양도 경쾌하여 행동적이며 전투적이었다.

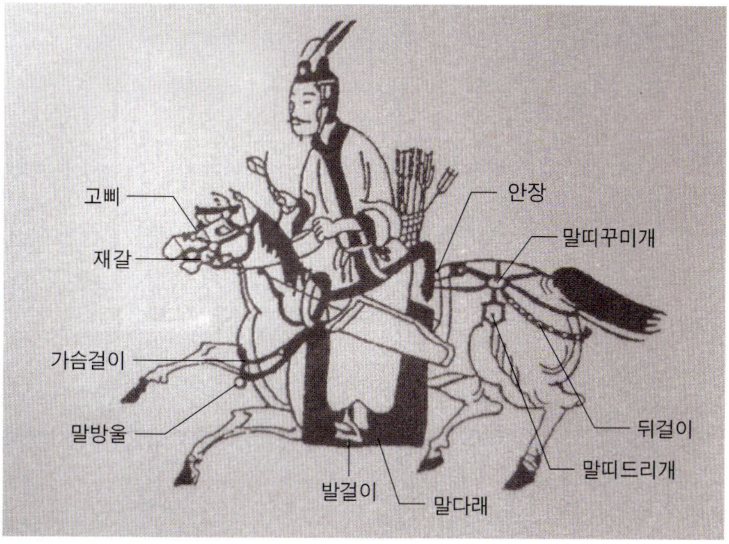

| 가야 말갖춤 – 국립박물관

6. 삼국의 화장

삼국시대는 불교의 영향으로 화장 풍습은 청결을 강조하고 짙은 화장을 피하는 세련된 형태로 발전하였다. 《삼국유사》의 기록에는 김유신의 누이가 엷은 화장을 했고, 화랑들도 아름다운 육체를 위해 화장을 했다는 기록이 있다.

신라시대에는 잇꽃으로 연지를 만들어 이마와 뺨과 입술에 발랐으며, 백합꽃의 붉은 수술로 색분을 만들어 칠하였다고 한다.

삼국시대에는 화장품 제조 기술이 뛰어나 일본과 중국에 그 기술을 전하였고, 고구려의 고분으로 보이는 쌍영총 벽화에 남겨진 남녀의 입술과 볼이 붉게 화장된 것으로 보아 5~6세기경에 이미 연지 화장을 하였을 것으로 추측할 수 있다.

[1] 고구려시대

1. 고구려시대의 배경(B.C.37~668년)

고구려족은 만주에 살던 부여족에서 갈라진 민족으로 《삼국사기(三國史記)》 때 천제의 아들 해모수와 하백의 딸 유화 사이에 태어난 주몽이 졸본(卒本) 부여(夫餘)지방에 고구려를 세운 것은 B.C. 37 한반도(韓半島) 남만주(南滿洲) 근거 였으며 A.D. 3년 주몽의 아들 유리왕때 국내성(國內城)으로 옮겼다.

고려인들은 검소하며 무(武)말타기, 활쏘기 등이 능하였으며 남자들의 모자는 소골(蘇骨)이라 하여 깃을 꽂고 금 · 은 장식을 하였으며 여자는 머리에 수건을 두르고 주름치마에 저고리는 무릎까지 내려 오는 복식이며 장례식은 성대하고 부장물을 관속에 넣은후 후장(厚葬)의 풍속과 불교, 도교를 시봉하여 일본과 백제에 영향을 주었다.

• 고구려인의 일상

고구려의 성 내부에는 여러 건물과 정비된 도로 등 다양한 시설이 있었다.

귀족의 집은 사랑채와 안채로 이루어지며, 마구간, 차고, 부엌, 다락창고, 방앗간, 고깃간 등의 부속 시설과 잘 꾸며진 정원을 가지고 있었다. 주요 건물은 기와로 지붕을 덮었고 난방 시설로는 부분 온돌을 설치하였으며, 일상생활에서 평상이나 좌상을 사용하였는데 방안에서 신발을 벗는 습관이 있었다.

디딜방아로 곡식을 찧었고, 가루로 내어 시루에 쪄 먹었으며 아래층에 기둥만 있고 본체가 위에 있는 고상식(高床式)구조의 다락창고에 곡식을 보관하였다. 부엌에서 조리한 음식을 소반에 받쳐들고 안채나 사랑채로 가서 상차림을 하였는데, 주인과 손님의 상을 따로 차렸다.

말이나 소가 끄는 수레를 탔다. 일반적으로 마차(馬車)는 남자용, 우차(牛車)는 부인용이나 귀족남자들도 외출할 때 우차를 많이 이용하였다. 바퀴살이 있는 개량된 수레바퀴를 만들어 사용하였고 질 좋은 철기를 생산하였다.

• 고구려 불상

고구려 소수림왕(小獸林王) 2년에 우리나라에 처음으로 중국 전진(前秦)으로부터 경전과 함께 불상이 전해졌다. 이로 미루어 보아 적어도 기원후 4세기경 고구려에 불상이 알려진 것으로 보인다.

그러나 현 남아있는 불상은 대부분 6세기 이후에 만들어진 것이다. 고구려 불상은 대체로 중국 6세기 북위와 동위 불상 양식을 기반으로 하였다. 여기에 단순하면서도 생동감 넘치는 고구려인들의 미감이 반영되었다.

• **고구려 연표**

BC 기원전37년	주몽, 졸본에 고구려 건국
AD3년	국내성으로 도읍을 옮김
194년	진대법 실시
313년	낙랑군을 멸망시킴
372년	불교 전래, 태학설치
414년	광개토대왕(廣開土大王)비 건립
427년	평양성으로 도읍을 옮김
475년	백제 한성(漢城) 공격
612년	을지문덕 살수대첩
624년	당에서 도교 전래
645년	안시성(安市城)싸움 승리
668년	고구려 멸망
698년	발해건국

2. 고구려시대 머리 모양

| 쌍영총 귀부인

1) 건괵

《구당서(舊唐書)》에는 '부인수가건괵(婦人首加巾幗)' 이라는 문구가 있다.

이 말은 고구려의 부인들은 머리에 건괵을 하고 있다는 뜻이다.

| 검은 건괵 – 안악 2호분

관모(冠帽)도 수식의 일부로써 두발을 어떻게 처리할 것인가에 따라 머리를 보호하기도 하며 미적인 형태로서의 착용되었다.

관모는 상투를 튼 후 다시 감싸기 위해 수식하거나, 머리카락이 흐트러지는 것을 방지하기 위해 질끈 동여매는 방법 등으로 관모의 사용

| 각저총 묘주부인

| 수산리 고분 행렬 도중 묘주부인

목적은 달라졌다.

상고시대 관모는 원시 형태이면서 기본 모양은 건(巾)을 이용하여 두발이 흘러 내려오는 것을 감쌌으며, 중국에서도 흑건을 이용하여 두발을 감싸서 망건(網巾)과 같은 형태로 사용했었다.

관모는 책(幘), 절풍(折風), 건귁 등으로 나뉘어졌음을 볼 수 있다. 책과 절풍은 중국 고서에 책은 한(漢)의 책과 비슷하며, 절풍은 변(弁: 삼각형의 고깔 모양)고 비슷하다고 했다.

수식의 풍속은 국가의 체계가 갖추어지고 생활수준이 높아진 삼국시대에 이르러 다양화되었다.

삼국시대에는 머리 형태로 귀천의 차이를 나타냈으며 깨끗한 것을 좋아하고 용모가 단정한 것을 숭상하여 예를 중시하는 풍속이 있었다. 또한, 기혼이나 미혼을 구분하기 위하여 두발을 땋거나 상투를 틀었을 것으로 추정된다.

고구려 관련 고기록을 보면, 여인의 머리에 건귁을 착용했다고 하는데, 이것은 부녀자들의 쓰개였다. 귁은 궤(簂)라고 쓰기도 하여 머릿수건을 뜻하였고, 부인들의 머릿수건 착용은 중북부뿐만 아니라 남부에서도 흔하게 볼 수 있다.

《구당서》의 경우 《신당서》의 내용을 단어만 바꾸어 표현하고 있을 뿐 두 기록의 같음을 볼 수 있는데, "그 내용이 매우 간략하여 건귁이 여자의 수식임을 짐작할 수 있을 따름 아직 구체적인 형태까지는 알 수 없다."라고 하였다.

책은 수건을 머리에 질끈 매는 형태로써 생겼으리라 추측된다. 《설문(說文)》에 "머리에 건을 썼는데 이를 책이라 한다."라고 하였으므로 이로써 책은 건에서 시작하였음을 알 수 있으며, 우리 고유의 관모라기보다는 중국에서 들여온 관모로 보인다.

절풍은 역사서에 "절풍형여변(折風形如弁)"이라 기록되어 있는데, 고깔형의 뾰족한 모자로서 우리나라 관모의 기본형은 이 변에서 출발했다고 볼 수 있다.

변형의 관모는 백제, 신라에도 쓰였다.

2) 힐자계(襦子髻)

안악 3호분은 고국원왕릉 혹은 미천왕릉이라는 설과 진나라에서 이민 온 '동수의 묘'라는, 즉 동수부인으로 알려져 있는 고국원왕과 왕비와 시녀들의 머리 모양은 큰머리로 가체를 이용한 고계 형태를 하고 있는데, 두발 양식은 머리의 중앙을 높게 올려 중간에서 장식 끈으로 장식하고 타원형의 테를 둘렀으며, 머리카락 두 가닥을 양쪽 볼까지 드리우고 나뭇가지 모양의 붉은 장신구를 꽂아 놓아 머리 모양을 하고 있다. 고국원왕 왕비와 시녀들의 머리 모양은 좌우로 드리운 두 가닥의 머리카락 유무와 장식물이 나뭇가지가 아니라 붉고 가는 막대 형태인 것이 다를 뿐 같은 형태이다.

타원형의 둥근 테는 조선시대 가체인 떠구지와 비슷한 형태를 하고 있다. 왕비는 가발을 이용하여 큰머리를 만들어 자신의 지위를 상징하고 있다.

《주례(周禮)》에 보면 "지금 가계(假紒)라고 하는 것은 곧 가계(假紒)와 같은 것인데 이는 철사를 둥글게 말아 그 바깥쪽을 머리카락으로 감은 것이다."라는 말이 있다. 이것은 진나라의 힐자계(襦子髻)와 비슷하다. 즉 진나라의 힐자계는 부인이 머리를 만들 때 계를 먼저 만들고 명주 끈으로 고리 부분을 단단하게 묶는 것으로 궁중에서 시작하여 각 나라에 퍼진 것으로 기록이 있다. 이것이 조선조에 와서는 떠구지가 되었을 것으로 보인다.

| 고구려시대 환계

| 주방 – 안악 3호분

| 동수부인 – 고구려 안악 3호분

| 안악 3호분

3) 견우, 직녀

고구려 광개토대왕 치세 때인 408년 세상을 떠난 전 유주사자 진(鎭)의 무덤이 1976년 남포시 강서구역 덕흥리에서 발견되었다. 5세기 초 고구려의 사회 현상을 파악하는데 더 없이 생생하고 귀중한 현장 자료이다. 덕흥리 벽화분도 앞방 찬장 고임 남쪽의 하늘 세계를 비스듬히 둘로 나누며 흘러내린 별의 강, 은하와 강의 양편에 나뉘어 그려진 견우와 직녀가 그 예이다. 견우는 풍요를 비는 제사에 쓰이던 희생용 소를 가리키는 용어였다.

직녀는 '베' 라는 직물의 원천인 '뽕나무' 를 관장하는 여신에 대한 신앙에서 파생된 존재라고 할 수 있고 여기서 별자리에 대한 신앙이 더하여지면서 나타난 존재가 별자리신 직녀이다. 견우와 직녀는 중국에서 전한 무제 때 이미 큰 못 곤명지를 사이에 둔 석상의 모습으로 형상화된다. 5세기 중엽에 만들어진 것으로 보이는 대안리 1호분 널방 앞벽의 동쪽 벽에는 주작 위쪽에 한 여인이 베틀 앞에 앉아 베를 짜다가 옆을 돌아보는 모습이 그려졌는데, 단아한 얼굴에 부드러운 미소를 지닌 전형적인 고구려 여인 그대로이다. 국가적 차원의 직물 산업 정책과 연계된 설화상의 직녀에 대한 신앙이 만간에 널리 유포되었을 가능성을 시사하고 대각선으로 흐르는 은하수를 사이에 두고 소를 끌고 가는 견우를 보내는 직녀의 애틋한 모습이 인상적이고 일년 중 칠월칠석날 하루만 까치의 도움을 받아 재회의 기쁨을 나눈다는 중국 고대 신화가 고구려에 알려졌다는 사실이 흥미롭다.

| 덕흥리 무덤 벽화

3. 고구려의 복식

인물 풍속도를 그린 벽화 가운데 안악 3호분은 고구려 고분 가운데 규모가 큰 편에 속한다. 한쪽 곁방 벽면에 무덤의 주인이 그려져 있는데, 휘장이 둘러진 화려한 방에 위엄 있는 차림새로 앉아 있다. 무덤의 주인은 동수인데 중국에서 귀화한 귀족이라고 한다.

그리고 또 다른 설은 머리에 왕이 썼다는 백라관을 쓰고 있고, 손에는 도깨

| 고구려 무용총 남녀복식(국립박물관)

비 모양의 귀면 부채를 들고 있으며, 벽화에 왕을 상징하는 깃발이 등장하여 무덤의 주인은 왕이라는 것이다. 무덤의 인물들은 화려하고 품위가 있고 머리 모양이나 옷차림에 잔뜩 멋을 부렸고, 시녀들도 마찬가지이며, 주인공의 맞은 편 벽에는 신하와 무사들, 의장대와 악대까지 그려져 있다.

수많은 사람들이 등장하는 만큼 고구려의 복식도 엿볼 수 있고, 기본 복장은 남녀 모두 저고리와 바지이다. 여기에 두루마기를 걸치기도 했으며 여자들은 바지위에 치마를 덧입기도 했다. 고구려인들의 의복은 귀족 남자는 외출복 두루마기로 길이가 길고 소매통이 넓다.

귀족 여자는 색동주름치마를 입었으며, 평민 남자는 소매와 바지의 통이 귀족에 비해 훨씬 좁다. 평민 여자의 평상복도 단순한 차림이고 치마 끝으로 바지가 보인다.

머리 모양도 옷차림 만큼이나 여러 모양이다. 그중에 고리튼 머리는 얹은머리를 변형시킨 형태이다. 반고리 모양으로 머리를 틀어 둘레를 감싸고 여러 가지 장식으로 치장하였고, 당시에는 머리를 크게 하는 것이 유행이었는데, 머리를 크게 하는 것은 당시 고구려인들이 가지고 있던 민족적 자부심의 표현이라고 볼 수 있다.

| 불꽃맞새김무늬관 – 금동
삼국시대(고구려)5~6세기
– 평양시 대성구역
(국립중앙박물관)

| 깃털모양 관꾸미개 – 금동
삼국시대(고구려) 5~6세기
(국립중앙박물관)

| 봉황모양꾸미개(국립중앙박물관)

| 맞새김무늬꾸미개(국립중앙박물관)

고구려는 거대한 영토를 가진 나라였기에 국제 교류가 활발했다. 그것이 가져다 주는 풍요를 안악 3호분에 그려진 주인 부부의 화려하면서도 당당한 모습에서 엿볼 수 있다.

• 못신

고구려의 금동신발은 바닥에 박힌 못의 개수가 많고 바닥판만 금속으로 만든 점이 특징이다. 지안 삼실총과 통구 12호분의 벽화에 이러한 신발을 신고 있는 고구려 무사가 묘사되어 있다. 이 신발은 바닥판만이 남아 있는데 사각추 형태의 금동못 40여개가 촘촘히 박혀있다. 바닥판 가장자리에 작은 구멍이 짝을 이루어 뚫려 있는 점으로 보아, 신발의 위쪽은 가죽이나 천으로 만들어 연결했던 것으로 생각된다. 이 신발은 실제 사용된 것이라기 보다는 의례용으로 보인다.

| 못신(국립중앙박물관)

• 보살 – 평남 평원 원오리 절터 출토 – 삼국시대(고구려) – 6세기 중엽

1937년 평양 부근 원오리의 옛 절터에서 발견된 것으로 흙을 구워 만든 불 보살상 수백 개의 파편 가운데 하나이다. 틀을 사용하여 만들었으며, 포면에 흰색이나 붉은 색을 칠한 적이 남아있다. 옷주름 아랫부분은 간격이 촘촘하고 끝자락이 양측으로 삐친 모습을 하고 있어, 중국 북위 불상의 영향이 느껴진다.

| 보살

고구려시대의 지도

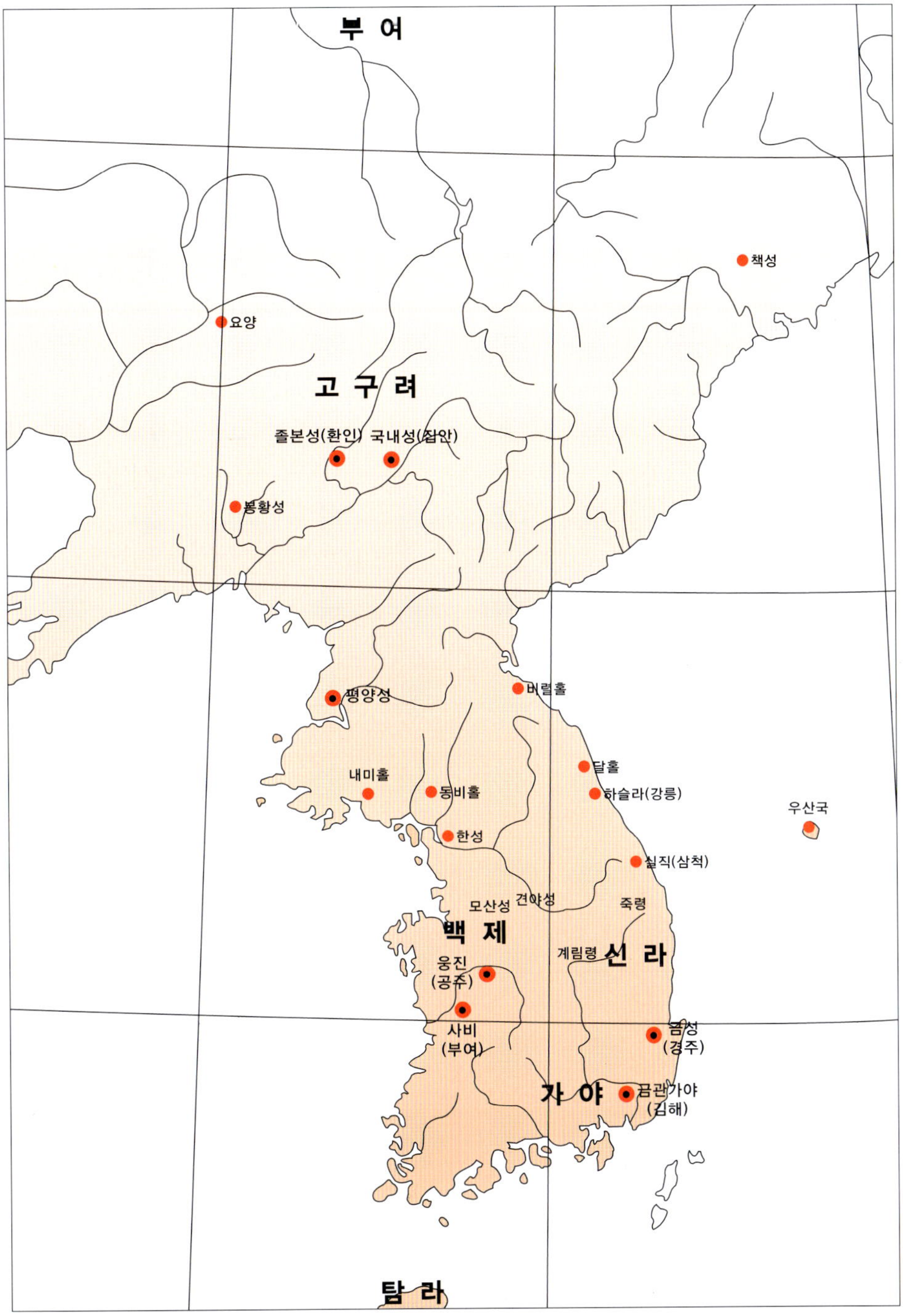
부 여
책성
요양
고 구 려
졸본성(환인)
국내성(집안)
봉황성
평양성
비렬홀
달홀
내미홀
동비홀
하슬라(강릉)
우산국
한성
실직(삼척)
모산성
견야성
죽령
백 제
계림령
신 라
웅진
(공주)
사비
(부여)
금성
(경주)
가 야
금관가야
(김해)
탐 라

[벽화 고분의 위치]

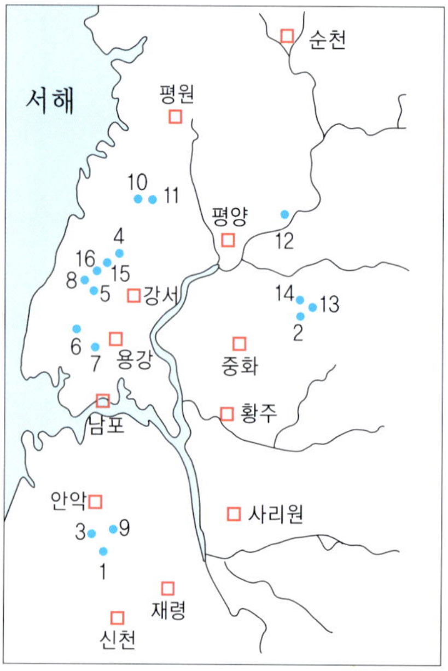

평양 일대

1. 안악 3호분
2. 동명왕릉
3. 안악 1호분
4. 덕흥리 고분
5. 약수리 고분
6. 용강대묘
7. 쌍영총
8. 수산리 고분
9. 안악 2호분
10. 덕화리 1호분
11. 덕화리 2호분
12. 호남리사신총
13. 진파리 4호분
14. 진파리 1호분
15. 강서대묘
16. 강서중묘

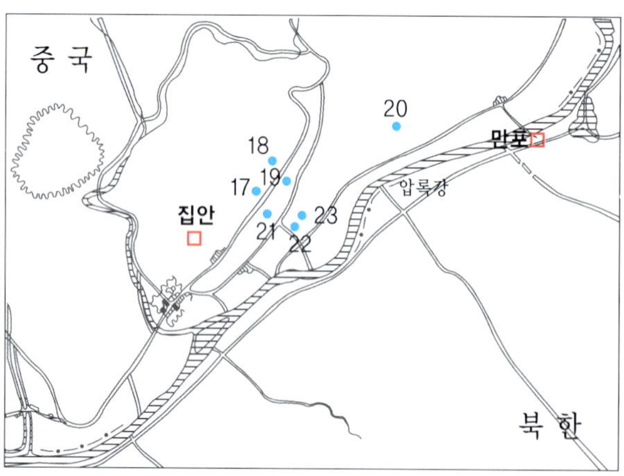

집안 지역

17. 통구 제12호분
18. 각저총
19. 무용총
20. 장천 1호분
21. 통구 사신총
22. 오회분 제4호묘
23. 오회분 제5호묘

4. 고구려시대 관모

고구려는 관모에도 신분계급이 명확히 나타나있어 관인(官人)과 서인(庶人)의 관모가 다르고 관인계급에서도 귀인, 대관, 일반 관인급의 것이 서로 달랐음을 알 수 있다.

1) 건(巾)

고구려 덕흥리 고분벽화에는 일반남자들이 검은 헝겊을 머리에 둘러서 뒤로 매어 늘어뜨린 모양의 건을 착용하고 있는 모습이 나타나고 있으며, 건은 원래 중국 고대의 학자나 문인, 관직을 떠난 사람이 주로 착용하였다. 건은 머리가 흘러내리는 것을 감싸는 것으로 우리 민족이 가장 오래 사용한 소박한 쓰개이다.

2) 책(幘)

책은 고구려 때 일반용 두건이 아니라 절풍(折風)보다 상위계급의 관모이고, 건에서 출발한 두건 형태이다. 고구려 벽호에 나타난 한국의 책은 대개 윗 부분이 없고 목에서 매어 고정시키며 책과 달리 후두부의 수식포인 수(收)가 없는 상태이다.

3) 절풍(折風)

고구려에서 일반이 썼는데 사인(士人)은 여기에 2개의 조우를 장식하였고, 절풍은 변(弁)모양의 관모이다.

4) 소골(蘇骨)

고구려에서 귀인이 쓴 모자이다. 절풍과 같은 원뿔 모양의 관모지만 자라(紫羅)로 만든 것이 특징이며 귀인이 흔히 사용하였다.

5) 금관(金冠)

금관은 내관(內冠)과 외관(外冠)으로 구성되어 있고 대개 내관은 변형모의 형태이며 외관은 대륜(臺輪)에 입식을 장식한 통수식 관으로 내관과 외관이 하나의 관을 이룬다. 금관은 관모에 자연물을 장식하던 풍습이 변천한 것으로 당서(唐書)에 기록된 것과 같은 무녕왕릉의 금화(金花) 등 삼국시대의 화려한 문양의 관을 통하여 삼국이 서로 영향이 있었음을 알 수 있다.

6) 입(笠)

더위와 비를 막는 실용적인 용도에서 서민 계층에서 썼고 한국 고유의 관모 형태이다. 입에는 방립(方笠)과 폐량립 계통이 있다. 방립은 전통을 고수하는 승려와 농민의 삿갓으로 오늘날까지 사용되며 폐량립은 평량자, 흑립 등으로 조선시대에 이어졌다.

7) 조우관(鳥羽冠)

금속제 조우관이나 조우장식은 자연물을 장식하는 원시단계에서 변천된 것으로 귀족계급의 쓰개이고 절풍, 소골 등의 고깔 모양의 관모에 새깃을 장식한 것이다.

8) 건괵

당서(唐書)와 고구려 벽화를 통하여 부녀자들은 건괵을 썼음을 알 수 있고 부녀자들이 일 할 때 머리가 흘러내리는 것을 막기 위해서 머리수건을 들러 맨 것이다.

[2] 백제시대

1. 백제시대의 배경

백제는 부여계의 이주민들이 한강 유역에 정착하여 세운 나라로 점차 마한 지역을 통합하면서 고대국가로 성장하였다. 그 후 도읍을 웅진(雄鎭)지금의 공주, 사비(지금의 부여) 옮기면서 독창적인 백제 문화를 꽃피웠다.

한성기(기원전18~기원후475)는 백제가 고대 국가의 체계를 확립하고 마한으로 영역을 확장하여 백제의 기틀을 다진 시기였다. 대외적으로는 교류를 통하여 국제적인 지위도 확고히 하였다.

금강 유역에 도읍한 웅진기(475~538년)는 고구려의 남진으로 약해진 국력을 회복하고 중흥의 발판을 마련한 시기였다. 무령왕릉은 당시 백제와 동아시아에 대한 귀중한 정보를 지니고 있어 역사적으로 의미가 크다.

사비기(538~660)문화적으로 가장 융성한 시기로 특히 불교 문화가 화려하게 꽃핀 백제 문화의 절정기였다. 부여 지역을 중심으로 많은 사찰이 세워졌으며, 백제금동대향로를 비롯하여 예술적인 공예품들이 이 시기에 주로 제작되었다.

국제적이면서도 세련된 백제 문화는 신라와 가야 그리고 일본에도 전해졌는데, 특히 일본의 아스카 문화 형성에 많은 영향을 주었다.

칠지도(七支刀)는 일본 나라현 덴리시 이소노카미 신궁(石上神宮)에 보관 중인 길이 74.9cm의 양 옆으로 모두 6개의 가지가 뻗은 철제 칼이다. 칼에는 표면(앞면)에 35자, 이면(뒷면)에 27자로 총 62자의 금상감 명문이 새겨져 있는데, X-레이 촬영 결과 앞면에 十자가 숨겨져 있음이 발견되어 1자가 늘었다.

| 칠지도

2. 백제의 머리 모양

백제는 반도 서남부에 위치한 나라로 중국과의 왕래가 빈번하여 일찍이 중국 남조 문화를 수입하고 백제 사회의 여인으로 머리 모양에 관하여는 고구려와 같이 고분으로 발굴된 자료가 적기 때문에 중국 문헌에서 그 단편적인 모습을 찾을 수 있다.

《북사(北史)》의 〈백제전〉에 의하면 "백제 여인들은 머리를 땋아 뒤로 드리우고 시집을 가면 나누어 두 가닥으로 만들어 머리 위에 서렸다고 한다.(여편달수후 기출가칙분위량도반어두상 : 女辯髮垂後 已出嫁則分爲兩道盤於頭上)" 처녀의 땋은 머리와 기혼녀의 얹은머리를 설명한 것으로 볼 수 있다.

《주서(周書)》의 〈이역전(異域傳) 백제조〉에는 "미혼일 경우에는 머리를 땋아 머리 뒤쪽으로 얹어 한 가닥으로 늘어뜨려 장식하며, 결혼한 다음에는 바로 두 갈래로 한다.(재실자 편발반어수후수일도위식 출가자갑분위량도언 : 在室者編髮盤於首後垂日道爲飾 出嫁者乃分爲兩道焉)"라고 하였다.

또한, 기혼의 경우 머리를 둘로 나누어 머리에 얹은 형태로 하였으며, 미혼녀는 머리를 땋아서 뒤로 늘이거나 땋은 머리를 둥그렇게 얹은 후 한 가닥을 뒤로 내려뜨려 기혼녀와 구별이 되게 했었음을 알 수 있다.

| 궁녀사 영정 – 부소산성

| 백화정 문화재 자료 108호

| 고란사 절뒤 벽화

백화정은 부소산성 북쪽 백마강변의 험준한 바위 위에 편면을 6각형으로 지은 정자이다. 궁녀들이 이곳의 절벽에서 떨어져 죽었다는 전설이 있다. 죽은 궁녀들의 원혼을 추모하기 위하여 1929년에 세운 것이다.

정자는 바닥을 지반에서 높이 띄우고 남쪽에 나무계단 하나를 두어 출입할 수 있게 했다. 마루 바닥 주변에는 간단한 평난간을 설치해 두었다. 천정에는 여러 가지 연꽃 문양을 그려 놓았다. 정자에 올라서면 주변 경관이 매우 아름답다.

사당 안에는 궁녀 영정이 모셔져 있다. 그 영정의 머리 모양은 백제 궁녀의 머리 모양을 그려 넣은 것으로 궁녀복은 바닥에 끌릴 정도로 길고 머리 모양은 큰 쪽 두 개를 올려놓은 듯한 형상을 하고 있다.

1) 쌍계

백제시대의 머리 모양에 관하여 《북사》 〈백제조〉에 따르면 "부인들은 분대를 바르지 않고 여자는 변발을 뒤로 늘어 뜨리는데 출가하면 양쪽으로 나누어 머리 위에서 둥글게 튼다."라고 하였다.

이것은 쌍계 형태를 의미하는 것으로 국립 부여 박물관에 소장된 백제의 인물상을 보면 쌍계 형태의 남녀 인물상을 볼 수 있다.

남자 인물상의 쌍계는 풍우에 마모되어 얕게 그 흔적을 볼 수 있고, 여인상의 경우는 처음부터 쌍계가 높았던 것으로 생각될 만큼 쌍계의 높이가 풍우에도 불구하고 잘 보존되어 있다.

| 쌍계

또한, 《주서》 〈열전 이역 백제조〉에 따르면 "재실자는 머리 위에 편발하여 틀고 한 갈래로 늘어 뜨렸으며 출가자는 양 갈래로 나누었다." 라고 하였다. 고구려때 부터 조선시대까지 행해졌고 고구려 고분벽화의 여인과 감신총 벽화에 나타난 형태는 상부에 2개의 계가 있고 높이 솟게 한 형태인데 상투가 커 보인다.

조선 정조 12년(1788) 10월 신묘조에 배변사에서 올린 '가체신금절목' 에 쌍계는 혼인전 여자와 남자들이 한다고 하였는데, 이는 귀밑에서 양쪽으로 묶어

아래로 늘어뜨린 형태라고 생각된다. 인조 때 계에서는 "왕세는 책례 때 쌍동계, 쌍옥도, 공정책을 한다."라고 하여 책례 때 남자가 쌍계를 틀었음을 알 수 있다. 그리고 낭자 쌍계머리는 사양계, 새앙낭자라고도 한다.

생머리와 함께 미혼녀의 대표적인 머리형인 '낭자쌍계'의 '낭자'란 쪽머리를 일컫는 것으로 머리를 땋아 머리 뒤에서 좌우로 갈라 두 개의 쪽을 진 형태이다.

① 금동관음보살입상 - 부여 규암면(국보 第293호)

부여군 규암면에서 출토된 보살상으로 높이가 21.1cm이다. 살이 올라 둥굴고 원만한 얼굴에는 자연스러운 미소가 흐른다. 머리에는 앞부분에 화불을 조각한 삼면보관을 썼다. 머리카락은 길게 늘어져 어깨까지 드리워져 있다. 오른손에는 보주(寶珠)를, 왼손은 옷자락을 가볍게 쥐고 있다.

② 공주 의당 금동보살 입상(국보 第247호)

공주시 의당면 송정리 절터에서 출토된 보살상으로 높이는 25cm이다. 이목구비가 예리한 둥근 얼굴엔 밝은 미소가 가득하다. 머리 위의 삼면보관 정면에는 화불(化佛)이 조그맣게 조형되어 있다. 오른손에는 줄기가 달린 연꽃 봉우리를, 왼손에는 병을 들고 있다. 발 밑의 둥근 대좌에는 연꽃 무늬가 둘러져 있다.

③ 부여 군수리 금동미륵보살입상(보물 第330호)

부여군 군수리 절터에서 조사된 보살상으로, 높이가 11.2cm이다. 얼굴은 둥굴고 복스러우며, 깊이 있는 내면의 웃음이 사실적으로 표현되어 있다. 머리에는 화려하게 장식된 관을 쓰고 있다. 두껍게 표현되어 있는 머리는 어깨까지 길게 늘어져 있다. 몸을 덮고 있는 옷이 전체적으로 두껍게 표현되어 있다.

※ 무령왕릉 출토 유물

| 귀걸이
- 국립중앙박물관(무령왕릉)

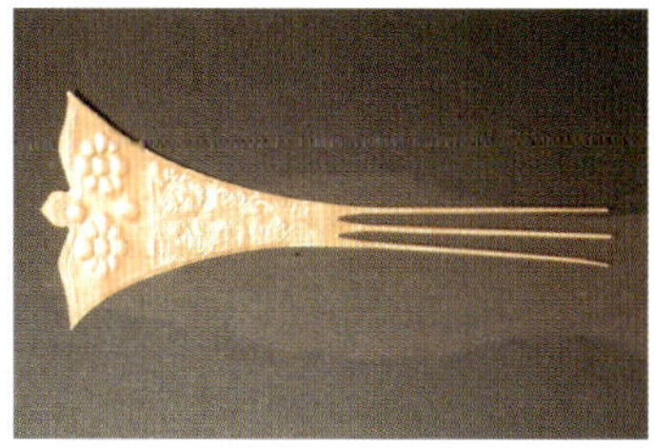

| 빗치개
- 국립중앙박물관(무령왕릉)

| 무령왕릉 무덤
- 국립중앙박물관(무령왕릉)

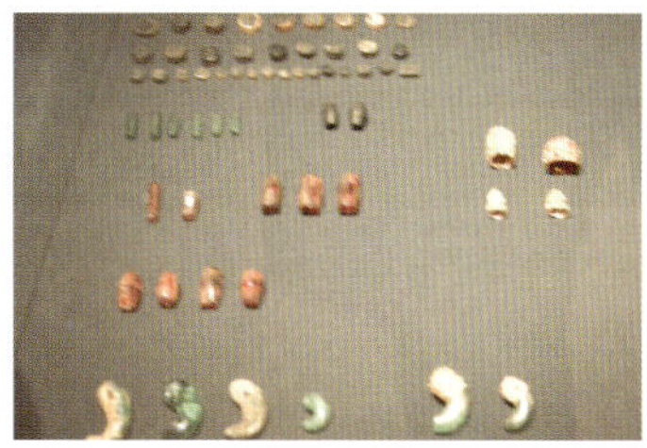

| 국립중앙박물관(무령왕릉)

| 꽃모양꾸미개
- 국립중앙박물관(무령왕릉)

• 무령왕릉(武零王陵)

무령왕릉은 웅진기를 대표하는 제25대왕 무령왕(武寧王) 재위 501~523의 무덤으로 공주 송산리 고분군에 위치한다. 이 무덤은 삼국시대 왕릉 중 유일하게 무덤의 주인공이 밝혀진 것이다. 무덤은 벽돌을 쌓아 만든 벽돌무덤으로 내부에서는 묘지석을 비롯하여 460여점에 이르는 유물이 출토되었다. 출토된 유물은 대부분 중국 남조와 관련된 것이나 신라, 왜와의 교류관계를 살펴볼 수 있는 유물도 있어 백제 문화의 개방성과 국제성을 잘 보여준다. 관꾸미개나 귀걸이 등은 백제 고유의 특징을 지닌 것으로 백제문화의 독창성을 살펴볼 수 있다.

• 관꾸미개(왕비)

충남 공주 무령왕릉 - 국보 155호

비단모자의 좌우에 꽂았던 것으로 추정된다. 꽃병을 중심으로 좌우 대칭이다. 뒤에 연꽃과 불꽃처럼 솟아오른 넝쿨이 아래에는 연꽃이 표현되어 있다.

| 왕(관꾸미개)

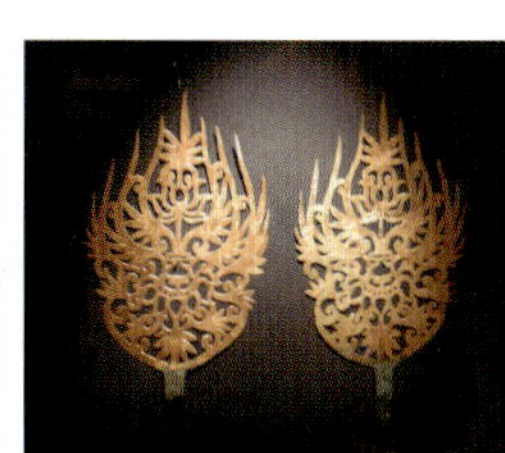

| 왕비(관꾸미개)
- 국립박물관(무령왕릉)

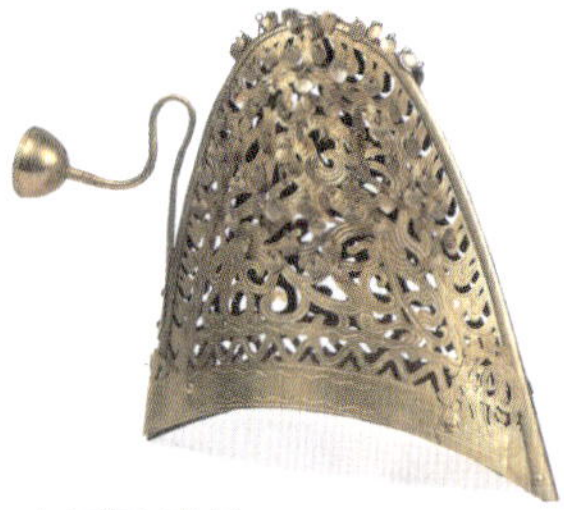

| 금동 관모

| 금동관백제

| 금동 대향로(金銅大香爐)
부여군 능산리 절터

| 금동 신발

3. 백제의 복식

1) 남자 복식

《삼국사기》〈백제본기(百濟本紀)〉에 "왕이 자대수포(紫帶袖袍)와 청금고(青錦袴)를 입고 금화식오라관(金花飾烏羅冠)을 쓰고 소피대(素皮帶)를 띠었으며 오혁리(烏革履)를 신었다."고 기록되어 있다. 포와 유에는 허리띠인 대(帶)를 매었는데, 포나 유를 꼭 맞게 여미는 용도뿐만 아니라 백제의 대는 색상으로 신분을 표시하는 역할을 했으며 계급별로 의색(衣色), 관식(冠飾)도 달리하여 계급을 구별하였다.

남자의 하의(下衣)는 고(袴), 곤(裩)이 있다.

| 백제시대의 옷

2) 여자 복식

여자의 복식은 상·하의에는 남자의 것과 비슷한 것을 착용하고 여자의 하의에는 고구려와 같은 의례용으로 입는 상(上)이 있다.

• 관료의 성장과 꾸미개

꾸미개는 신체를 아름답게 장식하는 기능 외에도 신분을 나타내기도 한다. 백제의 지배층은 각종 꾸미개를 사용하였는데, 대표적인 것이 은제 관꾸미개와 허리띠 장식 등이다.

은제 관꾸미개는 은판을 길게 오려 줄기를 만들고 꽃봉오리를 장식한 것으로 부여의 능산리 고분을 비롯하여 논산·남원·나주 등지에서 발견되었다. 이것은 《삼국사기》 〈백제본기〉의 "왕은 검은 비단으로 만든 모자에 금꽃으로 장식하였고 6품 나솔(奈率) 이상의 관리들은 은꽃으로 장식 하였다."라는 기록과도 일치한다. 이와 같이 백제는 관료의 등급에 따라 관과 허리장식을 달리하여 관직 체계를 표시하였다.

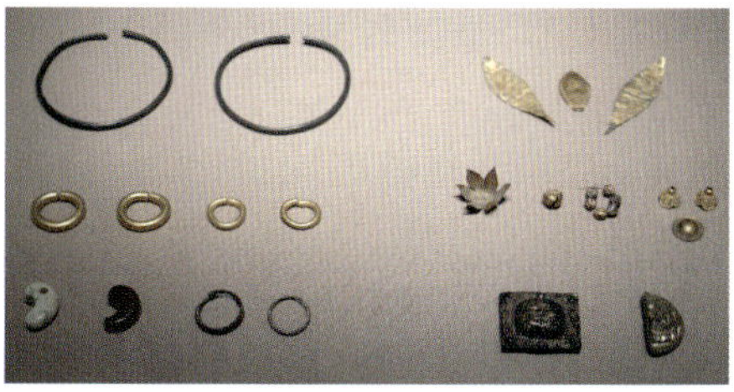
| 꾸미개(백제 5~7세기 충남지)

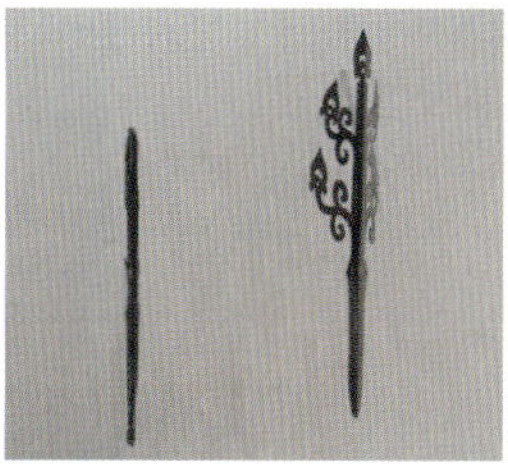
| 은제 관꾸미개

| 금속공예

4. 백제의 화장

백제시대는 삼국 중에 기록이 가장 적다. 중국의 《북사(北史)》와 《수서(隋書)》에 보면 부인은 분을 바르거나 눈썹을 그리지 않았고, 시분무주(施粉無朱)라는 분을 바르되 연지는 바르지 않았다는 것을 보아 백제인들은 중국이나 고구려를 통해 받아들인 화장을 그대로 모방하기보다는 은은하고 단아한 고유의 멋을 부린 것으로 보여진다.

백제는 삼국 중 전해지는 기록이 가장 부족한 국가이고 화장에 관하여 전해지는 내용도 아주 적다. 그러나 백제인의 화장 경향은 종교인 불교의 영향을 받아 은은하고 부드러우면서도 우아하고 진하지 않은 화장을 좋아하였다. 백제의 문화유산이 일본 문화에 많은 영향을 미쳤다. 그중에 화장을 하는 것과 화장품 제조에 대하여 전혀 모르고 있었던 일본이 백제를 통하여 화장과 관련된 기술을 익혔다는 내용이 전해지는 것으로 백제의 화장기술과 화장품 제조기술이 상당하였음을 알 수 있다.

5. 백제의 관모

1) 변(弁), 절풍(折風)

백제의 관모는 변과 절풍의 합성으로 독특하다. 부여 박물관에 소장되어 있는 화와인물(化瓦人物)의 관모이며 백제 부여의 군수리 유적에서 그려진 것으로 변의 형태는 삼국이 공통되어 있다.

2) 금동관(金銅冠)

백제의 관류(冠類)에는 나주 반남면 신촌리 9호분 출토의 금동관은 외관과 내관이 분리되어 있다. 내관(內冠)은 두른 변(弁)형 관모이고 표면의 상하에 거치문(鋸齒文)을 나타내고 한가운데에 잎이 둘러싸인 꽃망울 한 개와 둘레에 당초문양을 그리고 꽃망울 밑에 인동문양을 나타낸다.

3) 금제관식(金製冠飾)

백제는 "왕이 대수자포에 청금고를 입고 오라관을 쓰고 거기에 투각한 순금제 금화입화식(金花立華飾)을 꽂았다."라고 되어 있다. 무령왕(武寧王)의 금화식(金花飾)은 왕관을 쓴 후 그 관 앞에 관식을 꽂은 것으로 보인다. 왕관식(王冠飾)은 날씬한 외형미가 넘치며 비대칭 균형을 이루는 화염문과 초화문의 아름다움을 조화롭게 나타내었다.

| 쌍계(비천계) 비천
– 남북조, 하남성 고분벽화

[3] 신라시대 ~ 통일신라

1. 신라시대의 배경 시대

신라는 한반도 남동쪽에 있던 진한(辰韓) 12국 가운데 경주 지역의 사로국(斯盧國)이 성장, 발전한 나라이다. 주변의 소국을 병합하여 영토를 확장한 신라는 6세기에 율령을 반포하고 불교를 받아들여 정치와 사상의 기반을 마련하고 고대국가 체제를 마련하였다.

그리고 대가야(大加耶)를 병합(562)하는 등 통일의 기틀을 마련하였다.

신라의 문화는 돌무지덧널무덤과 불교로 대표된다.

돌무지덧널무덤에서 출토된 금관, 귀걸이 등은 신라를 '황금나라'로 부를 만큼 화려하고 뛰어난 세계적 금공예품이다.

불교는 골품제와 함께 신라 사회 전반에 많은 영향을 미쳤으며 신라인의 정신세계를 지배하였다.

한편 경주 지역에서 출토되는 외래(外來)의 유물과 토용에서 서역(西域)문화의 흔적은 대외 교류와 국제적인 면모를 알 수 있는 자료이다.

• 신라의 불교 수용

신라에서는 법흥왕14년(527)에 이차돈의 순교를 계기로 불교를 공인하였다. 하지만 실제로는 그보다 훨씬 앞선 시기에 경북 북부 지역을 통해 이미 불교가 전래되었다.

《삼국유사(三國遺事)》, 《삼국사기(三國史記)》 등의 기록에 의하면 고구려의 승려 묵호자로 눌지완(제위417~458)대에 일선군(현재의 구미시) 모래의 집에서 포교 활동을 하였다고 한다.

• 불교 조각

불교 문화의 수입 창구이자 신라 불교의 보급 통로인 경북 북부지역은 일찍부터 불교 문화가 성행하였다. 영주, 봉화, 안동, 구미 등의 여러 지역에 삼국시대 금동불과 삼국통일로 전후한 시기의 마애불과 석불이 남아 있다. 이는 경북지역에서 이른 시기부터 활발한 활동이 있었음을 단적으로 보여주는 자료라 할 수 있다.

• 공예

대구, 경북지방 불교문화의 특징은 통일신라 시대에 조성된 석탑 속에서 발견된 갖가지 사리갖춤으로 대표되는 불교 공예품을 통해 또 다른 면모를 엿볼 수 있다. 칠곡 송림삼 오층전탑과 문경 내화리 삼층석탑 등에서 발견된 사리함과 녹색 유리로 만든 사리 용기, 그리고 사리와 함께 봉안된 각종 공양품들은 당시 통일신라 불교문화의 축소판이라 할 수 있다.

2. 신라시대의 머리 모양

신라시대 머리 모양에 관한 문헌 기록은 거의 희박하나 신라 여인의 머리 모양을 보면 《북사》에 "기혼녀는 머리를 땋아 두상에 두르고 비단과 구슬로써 장식 하였다(부인변발요두 이작채직주위식 : 婦人變髮繞頭 以雜綵及珠爲飾)."라고 기록되어 있고, 《수서》에 "부인이 머리를 땋아서 감아올리고 비단과 구슬로 장식하였는데 머리가 매우 길고 아름다웠다."라고 기록되어 있다.

그러므로 신라 여인들의 머리 모양은 미혼녀의 경우는 변발수후, 즉 땋아 늘이는 형태가 있었음을 알 수 있다.

가체가 유행했는데 《삼국사기(三國史記)》의 기록에 의하면 신라 선덕여왕 때 당나라에 사신을 보내는 편에 가체를 예물로 가져가게 했다는 것과 경문왕 때 당나라에 가는 사신이 4자 5치 길이의 다래와 5자 3치의 다래를 가지고 갔다는 기록이 나온다.

신라 여인은 얹은머리와 쪽머리를 하고 있었다. 경문왕 9년의 기록을 보면 당시 가체(다리)가 신라 여인의 머릿결은 검고 윤이 나며 탐스러워 비싸게 수출된 수출품임을 알 수 있다.

• 신라의 꾸미개

신라의 꾸미개는 금관과 허리띠를 비롯하여 관모, 관꾸미개(冠飾), 귀걸이, 목걸이, 팔찌, 반지, 신발 등이 있는데 재질이나 형태가 화려하고 다양하다. 고대 일본인들이 신라를 '눈부신 금 · 은의 나라' 라고 하였듯이 신라의 꾸미개는 대부분 금과 은으로 만들어졌다.

이외에도 수천 개의 유리나 수정으로 만든 목걸이와 손잡이를 용무늬나 봉황무늬로 꾸민 고리자루칼이 있다. 이러한 꾸미개는 몸을 아름답게 꾸며주는 기능 외에도 정치적 · 사회적 신분을 나타내는 역할을 하였다.

| 금관, 금허리띠 (5세기) - 경주금관총

| 금관(5세기 - 경주교동)

| 금동관모

| 관모장식구(6세기) - 경주천마총

| 금귀걸이(5~6세기)

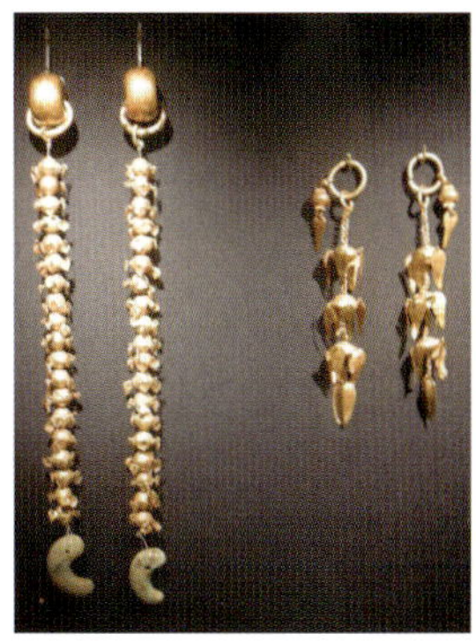
| 드리개(6세기) 경주 황오동 - 황남대총

| 드리개(5~6세기) 경주 황오동 - 황남대총

| 새날개모양금관장식 - 경주금관총

| 금동이식

출처 : 경주박물관

| 목걸이

| 금목걸이(4~5세기) - 경주음성로

| 금목걸이

| 목걸이(5세기) - 경주 안계리

3. 신라시대의 화장

신라에는 삼국 중에서 화장품이나 기술이 가장 발달하였으며 화랑과 같은 남자들도 화장을 하게 되었다.

쌀 같은 곡식의 분말, 분꽃 씨앗의 가루, 조개껍질 빻은 가루 등 백분의 사용으로 얼굴을 희게 해 결점을 감추었고, 입술과 볼을 치장한 연지는 홍화(잇꽃)로 만들어 졌으며, 눈썹 모양을 그리기 위해 굴참나무와 너도밤나무를 사용했다.

이런 화장품을 보관하기 위하여 작은 접시나 유병들이 만들어지기도 하였다.

4. 통일신라시대의 머리 모양

| 비자욕아도(妃子浴兒圖) - 송나라

| 높은 머리를 한 여인

통일신라시대의 대표적인 머리 모양은 화계이다. 화계는 제42대 흥덕왕 때 옷차림과 머리 모양이 지나치게 사치스러워 금지한 일이 있다.

화계는 꽃 모양으로 한 작품이고 머리를 단장한 다음, 부용이나 모란같은 꽃을 꽂아 화려하게 장식한 머리 모양을 말하는 것이다.

머리는 높이 추켜올린 가체를 통해 당시에 이미 가발을 사용했음을 알 수 있다. 뒤꽂이를 꽂아 머리를 고정시킨 다음 비단이나 구슬로 멋을 부렸다는 기록도 남아 있다. 하외주(河外柱) 소장품인 목조 여인상에서 보이는 신라 여인은 약간 미소 띤 얼굴에 입술 연지를 칠하고, 뒷머리를 올려 계를 만든 후 계의 좌우에서 비녀를 꽂아 고정시켰고 앞머리 부분에 금색대식을 하였다. 신라 여인들의 발제에 대한 《북사》, 《당서》 등의 기록에 의하면 머리카락은 매우 길고 아름다우며 머리카락을 머리에 올려 두르고 구슬로 장식하였다고 한다. 의복은 하의로 긴 치마를 착용하고, 소매 끝이 깔때기 모양으로 넓어진 상의, 무릎 길이 대금 반비, 속대를 착용하였다. 대금 영단에는 적색 2선식, 내의로 붉은 단식, 원령의를 착용하였다.

- **통일신라의 금속공예 – 국립중앙박물관**

보상화무늬를 장식한 팔릉형의 판에 쇠고리를 박은 금동옷걸이와 끄트머리가 연꽃봉오리인 낚시바늘 모양의 발고리, 쇠고리를 물고 있는 귀면무늬 문고리, 의자, 손잡이 장식에 쓰인 금동용머리 장식 및 금동가위 등은 매우 세련된 금속장식품들로 통일신라시대의 화려했던 궁중생활을 떠올릴 수 있다. 특히 초심지를 자를 때 쓴 금동가위는 현재 일본 나라(奈良 : 내량)의 쇼소인에 보관된 가위와 비슷하여, 당시 양국 간의 활발했던 문화교류의 양상을 엿볼 수 있다. 나무 난간이나 무의 가장자리에 사용된 금동 연꽃 봉우리 장식이나 금동 장식판 등도 있으며 그밖에 비녀나 반지 등 여러 가지 장신구도 확인되었다.

| 비단벌레 장식 말띠드리개 – 황남대총

| 비단벌레 장식 발걸이 – 황남대총

- **나무와 뼈로 만든 생활용품 – 국립중앙박물관**

안압지에서 출토된 나무나 뼈로 만든 유물은 산소가 차단된 펄층에 묻혀 있었기 때문에 비교적 상태가 좋은 편이다. 나무빗은 지금의 얼레빗과 흡사한데, 빗살이 닳은 것으로 보아 오랫동안 쓰던 것임을 알 수 있다. 한편, 동물의 뼈 위에 꽃가지를 문 새와 꽃가지가 새겨진 장식품은 일정한 간격으로 구멍이 있어 가구류의 가장자리를 꾸몄던 것으로 보인다.

| 나무빗

| 뼈로 만든 가리마 도구와 새와 꽃무늬 뼈장식

- **꾸며 입던 것 – 황남대총(국립중앙박물관)**

옷의 색상은 발굴된 직물로 판단하기 어렵다. 검게 산화되어 육안은 물론 분석 장비로도 색상을 짐작할 수 없다. 마립간 시기의 지위에 따른 옷의 차이는 장신구의 재질로 구분할 수밖에 없다. 금관을 가진 완족은 은제와 금동제 장신구를 모두 가질 수 있다. 그래서 마립간의 능인 황남대총에서 주인공이 착용한 장신구는 대체로 금제품이고, 함께 묻은 장신구는 금제와 더불어 은제 및 금동제가 있다. 금과 은으로 장식한 고리자루 큰칼은 남성의 전유물이자 지위를 나타내는 복식의 하나였다. 그래서

"……이때 해와 달이 교대로 빛나고 음양의 기운이 조화롭고 바람은 따뜻하며 하늘은 고요한데 신성한 그릇(종)이 완성되었다. 형상은 산이 솟은 듯하고 소리는 용의 소리 같았다. 위로는 유정천(有頂天)의 꼭대기까지 꿰뚫고 아래로는 귀허(歸墟)의 밑바닥 까지 통하였다. 그것을 본 자는 기이하다고 칭송하였고 그것을 들은자는 복을 받았다……"

–성덕대왕신종 (聖德大王神鍾) 명문(771년) 중에서

| 통일신라 화불

| 선덕여왕 초상(경주박물관)

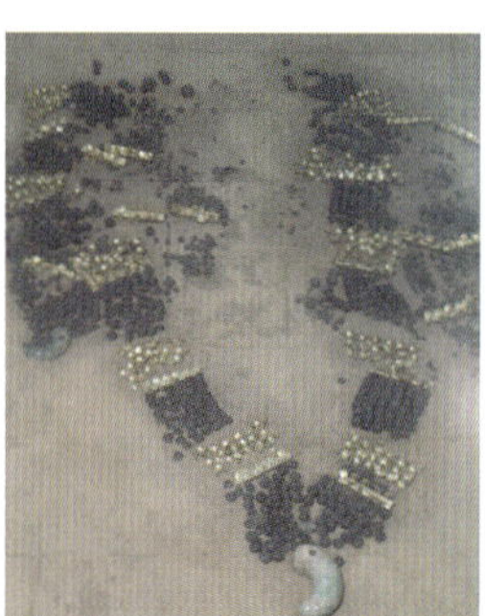

| 가슴걸이(6세기)
– 경주천마총(경주박물관)

남상이 묻힌 남분에서는 널 속에 착용한 채 있었으나, 여성이 묻힌 부분에서는 부장칸에서 나왔다. 황남대총에서 하나의 미스터리는 부장품의 수준과 수량으로 보아 마립간이 분명한 남분의 주인공에게 왜 금관이 아닌 금동관을 씌워 장례를 치렀는가 하는 것이다.

5. 통일신라시대의 복식

통일신라 복식 중 복두는 평민에 이르기까지 사용하였다. 계급에 따라 재료의 차이가 있었고 고려 중기까지 문무백관에 이르기까지 상용관모로 사용하였으며, 조선시대에는 백관의 공복(公服)으로 착용하였다.

단령은 기마 유목민족의 호복(胡服)으로 진덕여왕 2년(648)에 수용되었고 국가의 관복 제도는 청사관복(請賜冠服)의 형식으로 변화되었고, 신분에도 복식으로 차등을 두게 되었다.

반비는 남녀 공용이며 여자가 남자보다 화려하였고, 단수의(短袖衣)인 반비는 반소매에서 무수(舞袖)까지의 소매 길이이다. 여밈의 형식은 고름을 사용하기도 하고 매듭 장식을 쓰고, 가슴 바로 밑까지 오거나 무릎까지 오는 것으로 다양하다. 배당은 여인 전용의 화려한 복식으로 양 옆구리를 꿰매지 않은 형태로 앞뒤에 늘어뜨리도록 한 가장 겉에 입는 표의(表衣)였다.

신라 여성의 화려한 장신구 문화는 머리 장식에도 이어져 찬란하고 화려한 머리 장신구를 사용하였다. 또한, 신라시대 여성의 머리 모양은 높이 올리는 형이 유행하였으므로 이를 위해서 많은 도구가 필요했을 것으로 보인다.

신라시대의 각 고분에서는 약 2개 내지 10개 정도의 가락지가 출토되고 있으며, 재료는 은(銀), 금(金) 등이 대부분이고 옥(玉)제도 출토되고 있다.

반지에는 대부분 무늬를 새겼으며, 반지 머리쪽이 마름모꼴로 되어 있다.

• 성덕대왕신종

성덕대왕신종은 1962년 12월 20일 국보 제29호로 지정되었다. 높이 3.75m, 입지름 2.27m, 두께 11~25㎝이며 국립경주박물관에 소장되어 있다. 한국 최대의 종으로 에밀레종 또는 봉덕사(奉德寺)에 달았기 때문에 봉덕사종이라고도 한다.

종명(鐘銘)에 의하면 신라 35대 경덕왕(景德王)이 그의 아버지 33대 성덕왕의 명복을 빌기 위하여 큰 종을 만들려고 하였으나 뜻을 이루지 못하고 죽자, 그의 아들 혜공왕(惠恭王)이 뒤를 이어 771년(혜공왕 7)에 구리 12만 근(27t)을 들여 완성하고 성덕대왕신종이라 불렀다고 한다. 원래 봉덕사에 걸었던 것을 1460년(세조 6) 영묘사(靈妙寺)에 옮겨 걸었는데, 홍수로 절이 떠내려가고 종만 남았으므로 현 봉황대(鳳凰臺) 옆에 종각을 짓고 보존하다가 1915년 경주박물관으로 옮겼다.

| 신라시대 남자 저고리 유형

| 경주박물관

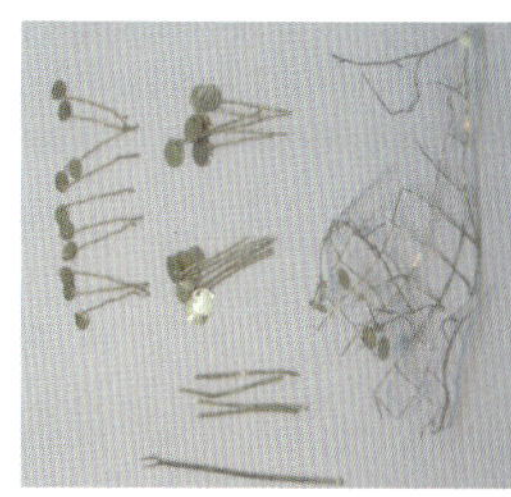
| 장식구(5세기)
– 경주금관총(경주박물관)

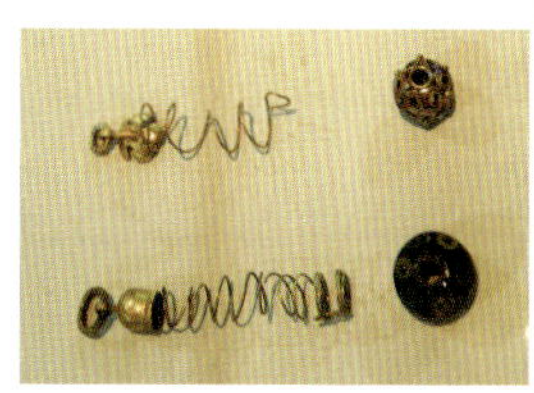
| 유리구슬, 금장식
– 6세기 황오리무덤

| 1970년에 발행된 2500원 짜리 동전

| 성덕대왕신종 – 국보 제29호 (국립경주박물관)

종 모양은 입 부분에 당초문으로 된 띠가 있으며, 당초문 사이에 8개의 큼직한 연화 무늬를 일정한 간격으로 둘렀다. 종 위에는 웅건한 모습의 용(龍)이 음관(音管)을 감고 있다.

몸체에는 당초문을 두른 견대(肩帶)가 있고, 그 아래에 4개의 유곽(乳廓) 안에 각각 9개씩 모두 36개의 연꽃을 넣었으며, 그와 대칭으로 보상화 무늬와 연꽃으로 된 당좌(幢座)가 있다. 비천상(飛天像)은 양각된 종명을 사이에 두고 2구씩 상대한 4구가 연화좌(蓮花座) 위에 무릎을 꿇고 공양하는 공양상(供養像)이다. 그 주위로 보상화(寶相華)가 구름처럼 피어오르고 있다. 비천상 사이의 2개 처에 이 종의 유래와 종을 만들 때 참가한 사람 및 글쓴이의 이름이 적힌 종명이 있어 신라사를 연구하는 데 좋은 자료가 된다.

6. 신라 관모

1) 건(巾), 책(幘)

《신당서》〈신라조〉에 보면 남자들은 머리를 수습하기 위해 흑건(黑巾)을 사용한 기록이 있고 경주 괘릉의 문인석상을 보면 당초문이 투각되어 있는 책(幘)을 쓰고 있다. 이러한 관은 고구려에 썼던 책관(幘冠) 같은 점이 많다.

2) 백화피제관모(白樺皮祭冠帽)

양산 부부총 출토 장신구 중에 신라시대에 왕비, 공주, 성골계의 왕족 여자가 썼던 것으로 추정된다.

3) 복두

중국 문화에서 받아들여져 개화기 이전까지 썼고, 옛날에는 한 폭의 검은 천으로 앞에서 뒤로 묶었고, 속인들이 복두라고 하였고 일면 절상건(折上巾)이라고도 한다.

흥덕왕 때의 복식 금제에서 신분 등급에 따라 복두의 재료를 규제하였다.

4) 금관(金冠)

신라의 금관은 왕족이 사용하던 관모이고 왕실과 귀족사회의 절대적인 권력의 상징이 동시에 화려한 미(美)를 표현하기에 가장 효과적인 예술품이다. 금관총, 천마총 등 여러 고분에서 출토되었다.

03 고려시대

1. 고려시대의 배경

왕건은 신라 말 혼란스러웠던 후삼국 분열을 수습하고 고려를 세웠다.

고려가 개국한 시기에 중국은 당나라가 분열되어 양(梁), 당(唐), 진(晉), 한(漢), 주(周)의 5대가 각축전을 벌였는데, 고려는 이들과 국교를 맺었고 그뒤 중국을 통일한 송(宋), 원(元), 명(明) 등과도 외교를 맺었다. 고려는 왕권이 확립된 성종에서 문종에 이르는 기간에 당(唐), 송(宋)의 제도를 수입하여 관제를 정비 완성하였으며 국초부터 시정(時政)을 기록하는 기관으로 기록하였으나 대게 없어지고 남아 있는 것은 《삼국사기(三國史記)》, 《삼국유사(三國遺事)》 등 몇 가지 뿐이다.

고려의 예술은 호화로운 궁정생활, 귀족생활, 불교에 의해 크게 발전했다. 불교는 고려의 정신적 큰 영향을 주었고 왕실 귀족들의 두터운 보호속에 번성하였는데 불화(佛畵)에는 중생들의 복식 머리 형태 등이 나타나 고려인들의 생활상을 살펴볼 수가 있다.

일반 서민은 대게 흰옷을 입었고, 여자들은 홍(紅), 황(黃) 등 색옷을 입고 미혼녀는 붉은 댕기, 총각은 검은 댕기를 달았다. 귀족은 가죽신, 서민은 짚신을 신었으며 귀족의 부인은 너울을 썼다.

죄인은 관이나 두건을 쓰지 못했다.

유교는 고려의 정치 이념이 되었는데 문종 때의 최충(崔沖)은 학식과 덕망이 높아 해동공자(海東孔子)라는 칭송을 받았고, 안향은 1289년(충렬왕 15) 고려에 처음으로 성리학을 들여와 최초의 성리학자가 되었다.

• 고려의 불상

국가와 왕실의 후원 속에서 성장한 고려시대의 불교는 민간에서도 현세적인 기복신앙으로서 신봉되어 크게 융성하였다. 불상은 고려시대를 대표하는 불교 예술품으로서 불화와 함께 고려만의 독특한 전통이 만들어 졌다.

고려시대 전기에는 통일신라 말기의 전통을 계승하는 한편 지방에서는 흩어진 민심을 수습하고 통일의 위엄을 기념하기 위해 대규모 사찰이 건립되었고, 대형 건물과 거대한 불상들이 제작되었다.

고려의 체제를 갖추게 되는 11세기 이후부터는 신라적인 색채에서 벗어나 고려적인 특징이 완연해지면서도 지역색이 강한 불상이 등장하였다.

관촉사 석조보살입상이나 한송사 석조보살좌상이 대표적이다.

고려 후기인 13~14세기는 통일신라 후기적 요소나 고려 중기에 보였던 지역색이 강한 토착화된 불상 양식에서 완전히 탈피하여 완숙한 경지의 우아하고 세련된 불상들이 만들어졌다. 아울러 원과의 관계가 긴밀해지면서 라마 불교가 전해져 티베트 계통의 이국적인 요소가 반영된 장식성이 강한 불상 양식을 형성하였다.

• 온화한 표정의 보살상 – 고려 후기(국립중앙박물관)

생각하고 있는 듯한 온화한 표정의 보살상이다. 머리카락은 상투처럼 높이 틀어 올린후 두귀 옆으로 다시 몇가닥을 드리워 내렸다. 가슴과 배, 다리에는 화려한 장식을 걸쳤으며, 두 손은 각각 엄지 손가락과 가운데 손가락을 굽혀 중생을 구제하려는 염원을 나타냈다. 동으로 주조한 후 표면에 금박을 잘 입히기 위하여 검은색의 칠을 발랐다.

• 강화의 고려 왕실 무덤 – 국립중앙박물관

고려가 몽골과 맞서는 동안인 1232년부터 1270년까지 39년간 임시 수도였던 강화에는 와릉급 무덤이 여럿 만들어졌다. 이 중에서 2001년 석릉, 2004년 곤릉·가릉, 2006년 능내리석실분(陵內里石室墳)에 대한 발굴이 이루어졌다. 이 발굴을 통하여 강화 고려 왕릉의 면모를 어느정도 밝힐 수 있게 되었다. 모두 앞트기식 돌방무덤으로서 돌방 입구에 잘 다듬은 장대석을 사용하여 문기둥과 문지방을 설치하고, 바닥 중앙에는 관대(棺臺)를 마련하고 주위에 벽돌을

깔기도 하였다. 천장은 대형 장대석 3매를 덮어 마무리하고 그 상부에는 8~12매의 호석(護石)을 갖춘 봉토(封土)를 조성하였다. 호석 외곽에는 다시 난간을 돌리고 사이에 석수(石獸)를 배치한 것이 특징이다. 모두 몇 차례 도굴(盜掘)이 있었으나 금속, 옥장식품, 청자류, 기와류 등 다양한 유물이 출토되었다.

• 고려의 개국공신

안동 태사묘(安東 太師廟) 보물각에는 공민왕이 안동 사람들에게 사례한 유물들이 남아 있다. 색실로 복숭아꽃, 나리꽃, 무궁화, 모란 등의 꽃무늬를 수놓은 비단 등이며, 모란꽃으로 장식한 금대인 허리띠 금대를 포함한 두 대의 혁과대는 관직에 많이 등용되라는 뜻이 담겨져 있다.

| 황금벨트 – 국립박물관

공민왕이 직접 사용했던 은식기도 남아 있으며, 은식기와 은수저는 안동 백성들의 식복을 축원하고 있다. 노국공주가 사용했던 부채도 있는데, 부채살이 없는 특이한 모양의 부채다.

| 공민왕 은식기

| 노국공주 부채

• 공민왕의 배경

공민왕의 어머니는 고려인이었기 때문에 공민왕에겐 든든한 후원자가 필요

했다. 공민왕은 두 번이나 왕이 될 기회를 빼앗긴지 불과 5개월 뒤 노국대장공주(魯國大長公主)와 혼례를 하였다. 그리고 2년 뒤 공민왕은 마침내 왕위에 오른다.

공민왕은 고려의 대표적 화가이며 그 수준도 최고로 평가를 받는다. 고려의 다른 왕들보다는 기질이 남달랐는데, 예술적 감수성이 뛰어난 대신 고려의 호방한 기질과는 영 거리가 멀었다. 공민왕은 고려라는 나라에서 사냥을 하지 않은 유일한 왕이었고 심지어 말도 타지 않았으며, 결혼 11년째가 되도 아이가 없었는데 후궁을 들이지 않았다고 한다.

후에 노국공주가 임신을 하여 기뻐하였지만 기쁨도 잠시였고 공주는 난산으로 끝내 죽음을 맞이하게 되었다.

공민왕의 거침없는 개혁도 시작되었다.

고국으로 돌아온지 10년만에 100년간 이어졌던 몽골 풍습을 바로 잡는 계기로 자신이 먼저 땋은 머리를 변발로 풀고 몽고골복은 벗었다.《고려사 절요》

• 노국공주

한 사람에 대한 사랑이 얼마나 깊을 수 있는지 유례는 이렇다.

안동에 전해져 오는 놋다리밟기는 실 감기, 실 풀기, 놋다리의 세 가지 춤으로 구성되어 있다. 포로나 다름없는 공민왕이 그 신세에서 벗어나는 것이 실감기와 실 풀기이며 노국공주가 안동 주민들의 도움으로 무사히 길을 가는 것이 놋다리다.

왕의 일행을 맞이하러 갔던 부녀자들이 자진해서 엎드려 인 다리를 놓아서 왕후인 노국공주를 무사히 강을 건너게 했다는 것에서 유례가 되었다.

| 놋다리밟기
(경상북도 무형문화재 제 7호)

공민왕이 청산에 들어갈 때 낙동강을 건너야 했는데 인근 부녀자들이 나와 횡대로 늘어서서 허리를 엎드리게 한후 왕비와 공주들이 부녀자들의 등을 딛고 강을 건너게 하였고 왕은 다섯 필의 말을 탄 기마병들과 함께 강을 건넜다고 하며 공민왕이 건너던 곳을 암대 오마대(五馬臺)이며 거처했던 곳을 공민왕당(恭愍王堂)이라 했다.

공민왕이 개경으로 환궁한 후 매년 정월 보름날에 처녀들이 옷을 곱게 차려입고 한 줄 횡대로 늘어서서 일제히 허리를 90도로 굽혀 나란히 엎드리고 칠보(七寶) 단장한 귀부인(왕비와 공주를 뜻함)이 등위에 올라서서 좌우로 시녀들의 부축을 받으며 차례로 등을 밟아 천천히 걸어 끝까지 강을 건너게 하는 행사를 하였으며 놋다리밟기는 구한말까지 정월에 진행되어 하나의 민속놀이로 이어져 왔다.

2. 고려시대의 머리 모양

고려의 수발은 신라의 풍속을 그대로 이어왔으며 1264년(원종 5년)에 도읍을 개성으로 옮긴 이후부터 약 100년간 고려는 원(元 : 몽고)의 부마국이 되면서 지배를 받아 왕실은 원나라에 예속되고 원나라 공주와 결혼함으로써 겨우 맥을 이어갔다.

| 붉은 옷을 입고 춤추는 여인 중국 국가 박물관

변발은 단군신화에 나타난 기록으로 보아 부족국가 시대에도 있었으나 보편화 한 것은 이때부터이다. 따라서 부녀의 머리도 조선시대의 쪽처럼 땋아서 틀어 묶게 되었다고 본다.

고려시대의 머리 형태는 3단계로 나뉘는데 1단계는 오대, 송(요, 금)영향기에는 신라의 머리형으로 보이나 《송사(宋史)》에는 "고려 여인들은 계(髻)를 오른쪽 어깨 위에 드리우고 나머지 머리는 아래로 내리는데 홍색 비단으로 묶고 비녀를 꽂는다.(부인타계수식견 식발피하약 이강라분지잠 : 婦人墮髻垂右肩 餘髮被下約 以絳羅賁之簪)."라는 내용이 나온다.

| 반한추홍도 – 송

새로운 머리 형태인 타마계(墮馬髻)가 나타난 것으로 보인다.

2단계는 원나라 영향기로 머리 형태가 몽고풍을 따랐다.

광번측요추마세(廣幡仄繞墜馬勢), 넓고 나부끼는 듯하며 비스듬하게 두르고 말에서 떨어졌을때와 같은 모습이라 표현되었다.

3단계는 명나라 영향기로 수월관음도에서 볼 수 있다.

| 돈황

| 수월관음도 부분도

1) 추마계(墜馬髻)

추마계의 머리 모양은 《고려도경》에 보면 양기(梁冀)의 손수(孫壽)가 창작한 것으로 되어 있고 말에서 떨어 졌을 때의 모습과 같은 형상이라는 뜻을 가지고 있다. 머리카락을 위로 올려 계(髻)를 만드는 것이고 그 상태로 약간 흔들거리는 형상을 말한다.

| 박익묘 – 여말선초

2) 아환계(鵝鬟髻)

머리카락 전체를 머리 위로 빗어 올려 묶음 다음 그것을 두 갈래로 나누어 만드는 것을 말한다. 아(鵝)는 가닥 아자인데 가닥이란 나뭇가지 아귀를 뜻하는 것으로 머리 모양이 나뭇가지 아귀와 비슷하기 때문에 그런 이름이 붙은 것이다.

| 노국공주 영정

3) 왕비머리

노국공주에서 공양왕 왕비 사대부의 머리 모양을 살펴보면 노국공주의 머리 모양은 가체를 크게 올리고 장식 띠로 머리아래를 받쳤고 상류층의 유행 머리와 비슷하다. 공양왕 왕비의 머리모양의 형태는 고계이며 장식을 화려하게 했으며 고려말 상류층의 여인들이 대표할 수 있는 것이었다.

| 송광사 바란강생도 마야부인머리

4) 조천계(朝天髻)

머리 모양은 송나라 이전 오대(五代) 말부터 내려온 것으로써 궁중에서부터 시작하여 부녀자들에게 널리 퍼졌던 머리 모양이며, 하늘을 향해 올려져 있는 형상을 한데서 나온 것으로 보인다.

5) 쌍수계(雙垂髻)

머리를 수발 상태로 늘어 뜨리거나 땋아서 늘어 뜨리는

형식이지만 쌍수계처럼 계를 올리지 않고 늘어뜨리는 형식은 당나라와 송나라를 거치면서 유행했던 머리 모양이다.

| 혁기사녀도 – 당

6) 고려시대 반 얹은머리

《송사》에 "부녀의 계양은 귀천 없이 동일하며 계를 오른쪽 어깨에 드리우고 나머지 머리는 아래로 내리는데 강라(降羅)로 묶고 여기에 작은 비녀를 꽂는다 하였다."

이는 윗머리, 얹은머리, 아랫머리는 채머리를 그대로 내려놓은 머리 모양이라고도 유추 할 수 있다.

고려 초기의 것으로 추측되는 거창 둔마리 고분벽화의 진락(秦樂)하는 여인상은 동일 서벽의 선인으로 구름 위에 조의(祖衣)를 날리고 있는데, 이 여인도 귀 위의 머리는 얹은머리로 하고, 아래쪽 머리는 채머리로 늘어뜨려 놓은 것을 볼 수 있다.

① 원의 간섭기 이전 : 얹은 머리형 가계를 고려 초기 불상으로 알려진 강릉 한송사(寒松寺) 석조보살좌상(石造普薩坐象)과 12세기 중엽에 제작된 것으로 추정되는 하회가면(河回假面)인 각시탈을 통해 살필 수 있다.

각시탈의 경우 전면만을 볼 수 있기 때문에 전체적인 가계를 자세히 살필 수는 없으나 땋은 머리를 두상에 올린 얹은머리형 가계를 볼 수 있다.

② 원의 간섭기 이후 : 일본 지은원(知恩院)에 소장되어 있는 1323년 제작된 관경변상도의 공양인은 두발을 땋지 않고 머리 앞 부분에 얹어 올렸으며, 미륵하생경변상도에서는 두발을 땋아 올렸다.

특히, 두발을 땋아 올린 얹은머리형 가계는 고려 초기의 유물에서 살필 수 있던 것으로 원나라 간섭기 이후에도 지속되었다.

7) 각시탈

우리나라 상고시대 여인의 수발 양식을 고구려 고분벽화에서 보면 얹은머리, 쪽진머리, 푼기형머리, 댕기머리, 땋은머리, 묶은 중발머리, 쌍상투 등 종류가 다양하다.

| 각시탈

우리가 알고 있듯이 미혼녀는 변발(땋은머리), 기혼녀는

머리를 두 갈래로 나뉘었는데 이것은 반(盤)한다 하였다.

신라에서는 부인들의 긴 머리와 상투 모양을 즐겼고 체(다리꼭지)는 신라의 귀한 무역품의 하나로 중국에 많이 수출하였다고 한다.

얹은머리의 변형으로 고려시대에 제작된 각시탈에서도 얹은머리의 풍속을 엿볼 수 있는 대목이다.

각시탈은 머리 위에 한일자로 타래의 큰머리를 얹었고 다시 두 귀를 덮으며 좌우로 똑같이 머리채를 턱 아래까지 드리웠다.

비교적 넓은 광대뼈에 입은 다물었고, 머리와 눈썹은 검게 칠했다.

얼굴 전체는 살색 위에 분을 칠했고 양볼의 둥근 연지와 이마에 곤지의 흔적이 있고 입술도 붉은 색을 칠하였다.

또한, 눈은 실눈으로 떴고 코는 평평한 편이다. 처녀의 옷차림은 보통 저고리에 다홍치마를 입는다. 각시의 춤사위는 '사뿐사뿐 각시걸음' 이다.

각시탈의 타래머리는 부네의 머리와 함께 고려시대 여성의 모양으로써 각시탈을 크고 무거워 탈을 쓰면 자연스레 고개가 숙여져 수줍은 표정이 된다.

그러므로 새색시는 모든 것이 조심스럽다. 조심스레 걸으려면 '사뿐사뿐' 걸어야 한다.

입은 힘을 주어 꾹 다물고 있는 것은, 고려시대 신분상 여성을 언론의 자유에서 많은 속박을 받은 것을 알 수 있으며 또한, 여성의 입은 애기 생산의 증거로 곧 아직 임신을 한 번도 하지 않은 처녀 입을 뜻한다.

눈은 살포시 아래로 깔고 있어 힘든 시집살이를 나타내며 좌우가 바뀌며 흔들거리는 머릿단이 조심스러운 모습을 상기시킨다. 이는 각시라는 신분임에 다른 사람(남자)은 바로 쳐다보지 못함이고, 한 눈은 이리저리 살피는 듯한 형상이다.

이는 새색시로서 신랑이나 시댁 사람들, 세상에 대한 궁금함을 표현한듯 하다.

3. 고려시대의 복식

고려 왕종은 오대 송과의 밀접한 교류 관계를 통해 통일신라 이후 제도화되었던 사색공복제도를 하고 공복의 등위를 정하였다. 그리고 왕의 면복, 백관의 공복 계통은 이전의 체제를 그대로 따랐다. 고려 후기에는 고려가 명과 친근을 도모하면서 왕은 중국 황제와 동격인 십이류면, 십이장복을 착용하였고, 문무 백관은 흑의, 청립하고 쾌복은 흑건대관(黑巾大冠)으로 하며 여복은 흑라(黑羅)로 고쳐 입기도 하였고, 이는 배원향명(背元向明)의 새로운 변화 속에서 자주성을 모색한 것이라 할 수 있다.

여자들의 복식은 통일신라 복식을 계승하였는데 백저의(白紵衣)와 황상(黃裳)이 상하 부녀의 평상복이었으며, 유(襦)는 둔부선까지 내려오던 것이 차츰 길이가 짧아졌으며, 이러한 풍속이 조선시대까지 이어졌다.

4. 고려시대의 화장

고려 초기, 태조 왕건의 지시로 중국의 기녀 제도를 모방하여 기녀를 제도화 시킴으로써 여러 가지 화장을 진하게 바르는 등 기생의 분대화장이 유행하였다. 하지만, 여염집 부인들은 이러한 화장을 기피하여 반작용으로 짙은 화장을 즐기지 않아 분을 사용하나 연지는 사용하지 않았고, 눈썹은 버들잎 같이 가늘게 그렸으며 기생과 구분하고자 비분대화장을 하였다. 대표적인 인물로 '기황후' 가 있다.

분대화장이란 분을 도포한 듯이 하얗게 바르고, 눈썹을 가늘고 또렷하게 가다듬고, 입술연지를 바르고 머릿기름을 머리가 반질거릴 정도로 많이 바르는 것을 의미한다.

고려시대 화장 문화의 또 다른 특징은 안면용 피부 보호제인 면약(面藥)이 사용되었고, 염모(染毛)가 행해지고 있었다는 것이다. 또한, 화장 기본 도구인 빗과 거울의 소비량이 많아짐에 따라, 이러한 사회제도 속에서 고려시대 화장 문화를 가늠해 볼 수 있다.

5. 고려시대의 관모

고려시대 관모는 《고려사》, 《고려도경》과 출토 유물, 불화, 초상화를 통해 알 수 있다.

1) 건(巾)

《고려도경》에 의하면 민서는 조건, 농상(農商)은 오건사대(烏巾四帶), 진사(進士)는 사대문라건, 정리(丁吏), 방자(房子)는 문라두건, 공기(工技)는 조건, 민장(民長)은 문라건을 썼다고 기록되어 있고, 편복에는 남자 성인은 누구나 다 두건을 썼고, 건은 모양이 거의 비슷하지만 신분에 따라 건의 옷감이 달랐다.

왕도 평상시에는 썼다고 기록되어 있고, 편복에는 남자 성인은 누구나 다 두건을 썼고, 건은 모양이 거의 비슷하지만 신분에 따라 건의 옷감이 다랐다.

왕도 평상시에는 조건을 썼다고 하므로 고려시대에는 건이 이미 일정한 형태를 갖추어 한층 널리 썼음을 알 수 있다.

2) 복두(幞頭)

삼국시대까지 남성들이 착용한 책, 절풍, 소골, 조우관 등의 관모는 사라지고 통일신라시대 이후는 왕 이하 서민에 이르기까지 남자는 일률적으로 복두를 썼다. 이것은 계급에 따라 재료에 차이가 있다. 고려시대에도 왕, 문무백관, 사인에 이르기까지 복두를 썼으며 후에는 양반의 가노(家奴)들 까지도 썼고 《삼국유사》 경문왕 조에 나오는 '임금님 귀는 당나귀 귀' 이기 때문에 쓰개를 써서 감추었다고 하는 것이 바로 복두이다.

3) 입(笠)

《고려도경》에 의하면 하서인(下庶人)의 관모에 방립과 죽관(竹冠)이 있었다고 한다. 방립은 삿갓과 비슷하지만 네귀가 움푹하게 들어가고 다른 부분은 둥그스름 한 것이다. 삼국시대 백제인들이 사용하였다고 하여 나제립이라 하고, 죽관은 고려시대 뱃 사람이 쓴 삿갓의 하나 형태는 모나기도 하고 둥글기도 하여 모양이 일정하지 않았다고 한다.

고려 말기에는 품계(品階)에 따라 정수리에 착용자의 품수에 맞는 백옥, 청옥, 수정옥 등의 정자(頂子) 장식을 하여 문무백관도 썼고, 후에 조선시대의 흑립으로 이어졌다.

04 조선시대

1. 조선시대의 배경

1) 초기

태조 때부터 명종까지(15~16세기)는 조선왕조 초기이다. 이때는 다리를 이용한 커다란 머리를 선호하였던 시기이다. 명제 궁양의 고계를 궁궐에서 사여받아 사용하자 일반 서민들도 따라하여 다리의 가격이 서민의 10채의 집값을 호가하던 시기였다.

2) 중기

선조부터 경종(17~18세기)까지는 조선왕조 중기에 해당한다. 임진왜란(1598)과 병자호란(1636~1637)으로 인해 경제는 피폐해졌고 사회적 신분제도보다는 경제적인 권위가 중요한 시기적 요건이 되었다. 실학사상이 발달하였으며 이에 정조(1694~1776)대에는 사치한 고계양식이 문제가 되어 부녀계발급제가 내려졌고 영조에 이은 정조(1752~1800)는 가체신금절목을 내려 다리를 사용한 고계양식을 금지하고 족두리와 쪽머리를 대신하도록 하였지만 머리 모양이 어명으로도 변경되지 못하였다.

3) 후기

순조로부터 순종(19세기)까지는 조선왕조 후기이다. 이후 전국 부녀자가 다래로 머리를 얹는 법을 없애고 자기 머리카락으로만 쪽을 짓게하였다. 14세기 후반부터 전국에 퍼져있던 유행품관에게는 관직을 주지 않고 품계만 주어 생원(生員), 진사(進士)와 같은 관직과 상관없는 자격을 주어 지배층으로 편제하였으며, 노비가 아닌자는 양인으로 간주하여 정책을 실시하며 이들을 관직 진출권을 허용하고 천역과 세습하는 부류도 줄어들게 되었고 노비만을 천역으로 간주하는 양천제가 확립되었다.

조선시대 가족제도의 단위는 가부장적 가족이다. 이를 중심으로 사회가 형성되었고, 이에 따라 예학(禮學), 가족과 종족 상호간의 상장제례(喪葬祭禮)에 관한 학문과 보학(譜學), 종족의 내력을 기록하고 암기하는 학문이 발달되었다. 조선사회는 봉건적인 사회 체계의 토대가 흔들리기 시작하였으며 농업 및 상업과 수공업 발달에 따른 화폐 경제의 발전과 신분제의 변동, 농촌 민중문화가 대두되었으며 조선의 기생은 모두 관기(官妓)였는데, 그수가 전국 3만 명 정도가 된다고 한다. 머리 모양은 여염집 여성에게도 영향을 주었다.

• 조선 후기에 널리 유통된 화폐, 상평통보(常平通寶) – 조선 후기

조선 후기에 가장 널리 유통된 화폐이다. 숙종 4년에 처음 발행된 상평통보는 '언제나 고르다'는 상시 평준에 유래한 것으로 유통 가치에 등가를 유지하려는 정부의 의도를 반영한 것이다. 앞면에는 '상평통보'라는 글자가 뒷면에는 주조한 관청을 줄여 쓴 명칭, 천자문(千字文)준한 글자, 숫자나 부호 등이 적혀 있다.

• 양반의 일생을 그린 그림 – 김홍도, 조선 18세기

평생도는 사람이 태어나서 죽을때까지 기념이 될 만한 경사스러운 일들을 골라 그린 그림이다. 보통은 벼슬을 지낸 인물의 공적을 기리고 중요한 벼슬 생활을 기록으로 남기기 위해 그려졌다. 대게 여덟 폭의 병풍으로 만들어 졌는데, 돌잔치를 비롯하여 관례(冠禮), 혼례, 과거급제, 벼슬살이, 회갑연 등이 그려져 있다. 평생도에는 조선시대 양반들의 인생관과 출세관이 표현되어 있다.

양반의 일생을 그린 그림(1)

양반의 일생을 그린 그림(2)

양반의 일생을 그린 그림(3)

양반의 일생을 그린 그림(4)

2. 가체신금사목(加髢申禁事目)이란?

정조는 《가체신금사목》을 전국 관아에 배포했는데 모든 국민이 쉽게 이해할 수 있도록 기존의 법조문처럼 한문만으로 작성하지 않고 한글로도 작성해서 같이 배포했다.

한글로 되어 있는 부분은 두 부분인데, 한문으로 되어 있는 부분의 중요한 사항에 한글로 표기해 놓은 부분과 한글로만 되어 있는 부분이 그것이다. 이때의 한글 표기는 당시 한문을 우리말로 표기할 때의 바로 그것이어서 중요한 의미를 지닌다. 특히 머리 모양에 대한 부분이 한글로 표기되어 있어 전래의 머리 모양에 대한 기록이 미미한 형편에서 자못 그 의의가 크다고 할 수 있다.

一. ᄉᆞ족의 쳐쳡과 녀항의 부녀의 므릇 ᄃᆞᆯᄂᆡ ᄯᅡ하 머리의 언ᄂᆞᆫ 것과 [ᄯᆞᆫ머리] 밋머리로 언ᄂᆞᆫ 제도ᄅᆞᆯ 일졀이 금지ᄒᆞ올져

▶ 사족(士族 : 문벌이 좋은 집안의 자손)의 처와 첩, 그리고 여항(閭巷) : 백성의 살림집이 많이 모여 있는 곳)의 부녀로 무릇 다래를 땋아 머리에 얹거나(딴머리) 밑머리로 머리 얹는 제도는 일체 금지한다.

一. ᄯᆞᆫ머리 ᄃᆡ신ᄒᆞᆯ 법은 두 가ᄃᆞᆰ을 각각 동굴개 ᄉᆞ린 낭ᄌᆞ머리와 ᄉᆞ양머리ᄂᆞᆫ 혼인젼 졔되니 가히 ᄡᅳ지 못ᄒᆞᆯ지라 본머리의 져근 쳡지와 ᄃᆞᆯᄂᆡ를 죠곰 너허 두 가ᄃᆞᆰ으로 ᄯᅡ코 ᄭᅳᆺ츨 당기로 가마 올녀 ᄶᅥ거 ᄶᅩ지게 ᄒᆞ오되 머리 우희ᄡᅳᄂᆞᆫ 바ᄂᆞᆫ 젼대로 족도리로ᄡᅥ ᄒᆞ되 소옴과 냥대을 무론 ᄒᆞ고 다 거믄 빗ᄎᆞ로ᄡᅥ 것틀 ᄊᆞ게 ᄒᆞ올져

▶ 딴머리로 대신할 것으로 두 가닥을 각각 동글게 서린 낭자머리와 사양머리는 혼인 전에 하는 것이니 쓰지 못한다. 본머리에 작은 첩지와 달래를 조금 넣어 두 가닥으로 땋고, 끝을 댕기로 감아 올려 꺾어 쪽지게 하되 머리 위에 쓰는 것은 전대로 족두리로 하고, 무명솜과 얇게 깎은 대나무를 물론하고 다 검은색으로 겉을 싸도록 하라.

▷ 가체를 대신할 것에 대한 내용이 나타나 있다. 또 대신할 것에 대한 사치를 방지하기 위해 그 재료 또한 규정하고 있다.

一. 이제 이 금제ᄂᆞᆫ 진실노 샤치을 업시ᄒᆞ옵ᄂᆞᆫ 셩의로 나겨오시니 죡도리을 ᄃᆡ신으로 ᄡᅳᆫ다 ᄒᆞ고 칠보ᄀᆞᆺᄐᆞᆫ 뉴로 젼ᄀᆞ치 ᄭᅮ며 ᄡᅳ면 법제을 고치ᄂᆞᆫ 일홈은 이시나 검박을 ᄇᆞᆰ히ᄂᆞᆫ 실은 업ᄉᆞ미라 무ᄅᆞᆺ 슈식의 금옥쥬패와 및 진쥬당기 진쥬투심 부치를 일병 금단ᄒᆞ올져

▶ 이제 이 금지령은 진실로 사치를 없이 하려는 성덕에서 나온 것이니 족두리를 대신으로 쓴다 하고 칠보같은 종류로 전같이 꾸며 쓰면 법제를 고치는 이름만 있을 뿐 검소함을 밝히려는 그 실질적인 면은 없어지는 것이니 무릇 수식의 금옥주패 및 진주댕기 진주투심 부치를 일체 금지한다.

▷ 가체를 대신하여 족두리에 사치를 할 것을 미리 금지하고 있다.

一. 어유미 거두미ᄂᆞᆫ 명부의 샹시 소챡이오 인가의 연혼 소용이오니 금단치 마올져

▶ 어유미와 거두미는 명부가 항상 착용하는 것이고, 민간에서도 결혼할 때에 사용하는 것이므로 금지시키지 않는다.

▷ 어유미와 거두미 착용은 허용하고 있다.

一. 죡도리의 ᄭᅮ민 배이믜 금됴의 실녀신 즉 혼가ᄒᆞᆯ ᄣᅢ 쓰ᄂᆞᆫ 칠보 톡도리 셰 주고 셰내ᄂᆞᆫ 이을 몬져 금단ᄒᆞ오되 녕후 모범ᄒᆞᄂᆞᆫ 쟈을 슈모와 녀쾌[방믈댱ᄉᆞ]을 무론ᄒᆞ고 다 법ᄉᆞ로 보내여 됴률ᄒᆞ여 정ᄇᆡᄒᆞ되 그즁 녀쾌의 잡노리개 ᄆᆡ매로 일컷고 통똥가통가오ᄒᆞᆫ 버르ᄉᆞᆫ 맛당이 통혁ᄒᆞᆯ배니 죵젼으로 포쳥으로 부터 현발ᄒᆞ니ᄅᆞᆯ ᄯᅡ라 통승호미 법젼 본의이시니 이후의 만일 이런 ᄂᆔ 잇거든 녯 법을 다시 ᄇᆞᆰ혀 포쳥의 부쳐 규ᄉᆞᄒᆞ고 ᄉᆞᆯ펴 금단ᄒᆞ올져

▶ 족두리에 장식한 것은 금지 조항에 있는 것인즉 혼례 때 소용 되는 칠보 족두리를 세를 내주고 받는 것을 금지한다. 이 금지령이 내린 후에 범하는 자는 수모(首母)와 여쾌도 관원에게 보내 법에 의하여 정배시키고 여쾌가 잡패물이라고 해서 여러 가지 물건을 매매하는 악습은 어떤 것이나 없애고 전과 같이 포도청에서 보이는 대로 다스리라. 법이 이와 같으니 차후에 이런 부류가 있으면 옛 법을 밝혀 포청에서 엄격하게 다스리라.

▷ 가체를 하는 사람도 금지할 뿐만 아니라, 그와 관련된 물건을 거래하는 것 또한 금지하고 있음을 알 수 있다.

一. 샹쳔 녀인의 길희 얼굴 드러내고 ᄃᆞ니ᄂᆞᆫ 뉴와 밋 공ᄉᆞ쳔은 다 ᄒᆞ여곰 밋 머리로 뻐 언찌를 허ᄒᆞ고 쳡지와 ᄯᅡᆫ머리 졔도ᄂᆞᆫ 각별이 금단ᄒᆞ옵고 각궁방 무수리와 의녀와 침션비와 각영읍녀기들은 밋머리 우희 가리마로뻐 녀뻐 등급 구별 ᄒᆞᄂᆞᆫ 뜻을 뵈오되 ᄂᆡ의녀ᄂᆞᆫ 인ᄒᆞ여 모단으로 ᄒᆞ고 기여ᄂᆞᆫ 흑삼승으로 ᄒᆞ올져

▶ 상천여인(常賤女人)으로 거리에서 얼굴을 내놓고 다니는 자와 공사천(公私賤)은 밑머리를 허락하되 첩지와 딴머리를 하는 것은 각별히 금한다. 각 궁방(宮房)에 소속되어 있는 무수리와 의녀, 침선비, 그리고 각 영읍(營邑)의 기녀들은 밑머리 위에 가리마를 써서 등급을 구별하되 내의녀는 모단(冒緞)으로 하고, 기녀는 흑삼승(黑三升)으로 하라.

一. 경ᄉᆞᄂᆞᆫ 동지날노뻐 ᄒᆞᆫᄒᆞ고 외방은 동지날 발관ᄒᆞ믈 쥰ᄒᆞ여 관ᄌᆞ본 후 이십일을 ᄒᆞᆫᄒᆞ여 일졔히 힝ᄒᆞ올져

▶ 서울에서는 동짓날로 기한을 정하고, 지방은 동짓날에 공문을 보낸 것으로 보고 공문이 도착한지 이십 일을 한해서 일제히 실시하도록 하라.

▷ 사목을 실시하는 기한에 대한 내용이다.

一. ᄒᆞᆫ을 졍ᄒᆞᆫ후 녕을 좃지 아닛ᄂᆞᆫ 쟈ᄂᆞᆫ 각각 그 가쟝을 현발ᄒᆞᄂᆞᆫ 대로 ᄯᅩᆯ와 각별이 엄히 다ᄉᆞ리올져

▶ 기한을 정한 후에 영을 따르지 아니 하는 자는 각각 그 가장을 발견하는 대로 따로 각별히 엄하게 다스리라.

▷ 사목이 잘 지켜지지 않을 경우, 그 가장인 신하를 벌하겠다는 내용이다.

一. 다 못ᄒᆞᆫ 됴건은 조초 마련ᄒᆞ올져

▶ 다 못한 조건은 좇아 마련하리라.

《가체신금사목》은 상당히 많은 책이 여러 곳에 전하고 있는데, 이들은 크게 중앙정부에서 간행한 원간본, 지방의 각 감영에서 간행한 원간본의 복각본, 후대에 필사된 것으로 보이는 필사본의 세 계통으로 나누어진다. 원간본은 1788년 10월에 간행된 것으로 한문 원문은 정유자(丁酉字)로 인쇄하였고 10행 18자로 되어 있으며, 언해 부분은 목판으로 인쇄하여 12행 22자로 되어 있다.

판식은 사주단변(四周單邊)이고 반엽광곽(半葉匡郭)은 24.9×17cm에, 계선이 있으며 주는 쌍행(雙行)으로 달려 있다. 판심에는 상이엽화문어미(上二葉花紋魚尾)가 있고 한문 부분은 '加髢申禁事目', 언해 부분은 '가톄신금ᄉᆞ목'이라 되어 있다.

현존하는 복각본은 네 종류 이상 있는 것으로 파악된다. 아마도 전국에서 이 사목을 시행하기 위해 각 지방별로 중앙에서 간행한 원간본을 복각하여 반포했기 때문으로 생각된다. 모두 간기가 기록되어 있지 않아 어느 때 어느 곳에서 간행하였는지는 알 수 없으나 복각 시기는 중앙에서 원간본을 간행하여 내린 직후일 것으로 추정된다.

1) 《가례도감의궤》의 다리의 양

의궤	연대	수량	의궤	연대	수량
소현세자빈	1627(인조 5년)	40단	세자빈(선의왕후)	1718(숙종 44년)	48단
장렬왕후	1638(인조 16년)	68단	세자빈(효순왕후)	1727(영조 3년)	20단
세자빈(명성황후)	1651(효종 2년)	48단	세자빈(헌경왕후)	1744(영조 20년)	10단
세자빈(인경왕후)	1671(현종 13년)	48단	국혼정례 건	1749(25년)	10단
인현왕후	1681(숙종 7년)	20단	정순왕후	1759(영조 35년)	10단
세자빈(단의왕후)	1696(숙종 22년)	48단	세손빈(효의왕후)	1762(영조 38년)	5단
인원왕후	1702(숙종 28년)	48단	순원왕후	1802(순조 2년)	10단
세자빈(신정왕후)	1819(순조 19년)	5단	철인왕후	1851(철종 2년)	10단
효현왕후	1837(헌종 3년)	10단	명성왕후	1866(고종 3년)	10단
효정왕후	1844(헌종 10년)	10단	세자빈(순명왕후)	1882(고종 19년)	5단
세자빈(순종왕비)	1906(광무 10년)	10단			

2) 조선 역대 왕들의 집권 기간 및 연도

순 위	연 대	나 이
제1대왕	태조 6년 (1392~1398)	57세~74세
제2대왕	정종 2년 (1398~1400)	61세~63세
제3대왕	태종 18년 (1400~1418)	33세~51세
제4대왕	세종 32년 (1418~1450)	21세~54세
제5대왕	문종 2년 (1450~1452)	36세~38세
제6대왕	단종 3년 (1452~1455)	12세~14세
제7대왕	세조 13년 (1455~1468)	39세~52세
제8대왕	예종 1년 (1468~1469)	10세~20세
제9대왕	성종 25년 (1469~1494)	12세~38세
제10대왕	연산 12년 (1494~1506)	19세~31세
제11대왕	중종 38년 (1506~1544)	19세~57세
제12대왕	인종 1년 (1544~1545)	30세~31세
제13대왕	명종 22년 (1545~1567)	12세~44세
제14대왕	선조 41년 (1567~1608)	16세~59세
제15대왕	광해 15년 (1608~1623)	34세~67세
제16대왕	인조 26년 (1623~1649)	29세~55세
제17대왕	효종 10년 (1649~1659)	31세~41세
제18대왕	현종 15년 (1659~1674)	19세~34세
제19대왕	숙종 46년 (1674~1720)	14세~60세
제20대왕	경종 4년 (1720~1724)	32세~37세
제21대왕	영조 52년 (1724~1776)	31세~83세
제22대왕	정조 24년 (1776~1800)	25세~49세
제23대왕	순조 34년 (1800~1834)	12세~45세
제24대왕	헌종 15년 (1834~1849)	8세~23세
제25대왕	철종 14년 (1849~1863)	19세~33세
제26대왕	고종 44년 (1863~1907)	12세~56세
제27대왕	순종 3년 (1907~1910)	33세~53세

영친왕비 다리(英親王妃 月子)
크기 : 전체 길이 147cm, 모발 90cm
재질 : 모발, 견
다리는 부녀자가 성장할 때 머리숱이 많아 보이게 덧드리는 다른 머리로 '다리', 혹은 월자(月子)라고도 한다. 이 유물은 가체를 길게 땋고 끝에 자주색 명주로 된 댕기를 달았다.

3. 조선시대의 머리 형태

조선시대의 머리 형태를 살펴보면, 처음에는 고려의 풍속을 이어 받아 궁궐 내명부와 외명부, 일반 서민 여성들의 머리 형태는 모두 커다란 머리를 하였으며, 왕비는 대수를 고려말 공민왕 때 명나라 효자황후에게 사여 받은 커다란 양식을 계속 사용하였다. 이덕무의 시문집 《청장관전서》를 보면 세조 때 명나라 사신 윤봉이 큰머리 양식을 가져와 그대로 썼으며 일반 부녀의 머리 형태는 얹은머리를 하였다. 얹은머리는 다리를 곁들여 머리를 높고 크게 할수록 미를 상징하였으며 다리는 머리숱이 적은 사람에게 많아 보이게 하여 덧땋은 머리로 가체(加髢), 수체(首髢), 월자(月子), 다래, 달비 등으로 불리었다.

가체로 인한 고계(高髻) 양식이 처음으로 문제되는 시기는 성종 때 《성종실록(成宗實錄)》에는 "성종(城宗)이 고계(高髻)를 좋아하며 사방의 높이가 일척" 이라고 했으며 《연산군일기(燕山君日記)》 9년에도 "성종이 고계를 좋아했으며 사방일척"이라고 하였는데, 체발의 사방 일척 표현에서 당시 여인들 사이에 고계 양식이 크게 유행하였으며, 사방 일척에서 일척은 약 21cm로 생각하면 고계의 형태는 본머리에서 바깥둘레의 넓이가 약 21cm가 되는 것이다.

왕후의 머리에 장식하는 것에서는 부(副)·편(編)·차(次)가 있다고 하였다. 부(副)라는 것은 덮는다는 뜻으로 머리를 덮어서 장식을 한다. 편(編)은 머리를 땋아 만든 것으로 가계(假髻), 차(次)는 피체(髲髢)인데 길고 짧은 머리를 차례대로 해놓은 것, 머리카락을 서로 이어 길게 만들어서 머리에다 둘러 계(髻)를 만든 것이다.

조선시대의 머리 종류

1	쪽머리	6	종종머리	11	조짐머리	16	트레머리
2	땋은머리	7	새앙머리	12	첩지머리	17	대수머리(大首)
3	바둑머리	8	둘레머리	13	밑머리(고계)	18	거두미(巨頭味)
4	배씨머리	9	낭자쌍계(娘子雙髻)	14	딴머리(고계)	19	어유미(於由味)
5	얹은머리	10	사양계(絲陽髻)	15	가체머리	20	관기머리(官妓)

1) 종종머리, 바둑판머리

① 종종머리

나이 어린 소녀들의 머리형으로 가르마를 똑바로 타고 양쪽머리를 각각 3cm씩 세 줄로 땋고 그 끝을 모아 땋아서 도투락댕기나 말뚝댕기를 드린 것이다.

② 바둑판머리

가르마를 바둑판 모양으로 나누어 여러 가닥으로 땋은 뒤 다 같이 뒤로 묶어 댕기를 들이운다. 태어나 두 번째 머리이다.(약 3~5세 정도)

| 종종머리

| 바둑판머리

2) 땋은머리(귀밑머리)

땋은머리는 단군조선의 기록에도 나타나는 가장 오래된 한민족 미혼녀의 전통 머리이다.

조선시대에는 고려 중기부터 시작한 땋은머리가 계속해서 유행했으며 성리학의 영향으로 머리를 자를 수 없었으므로 긴 머리는 묶기보다 늘 땋아 내리는 것이 간편했을 것으로 보인다.

| 댕기머리

| 1915년 이화학당 교복과 검은댕기

3) 조짐머리

대궐에서 하는 머리 모양 중에서 가장 약식의 머리 모양이다. 다리를 넣어 땋아 가지고 틀어 뒤에 소라껍질 같이 붙이는 머리로, 이 머리에는 첩지가 달려있으며 그 소라껍질 같은 쪽도 젊은이는 크고 노인들은 작았다. 지밀상궁들의 경우 아침저녁으로 나누어서 상하번의 당번제 근무를 했는데, 아침에 침전에 올라갈 때는 어여머리에 족두리를 쓰고, 저녁 근무일 때는 숙직을 하는 것으로 조짐머리를 하였다. 이는 종친이나 외명부가 입궐할 때 쓰던 발양이기도 하였다.

이 머리 모양은 정조의 발제개혁(髮制改革) 이후 얹은머리 대신 쪽머리를 함에 따라 쪽을 돋보이게 하기 위하여 생겨난 것이라고 할 수 있다. 비녀와 떨잠으로 장식하였는데 《사절복색자장요람》에는 10월부터 정월까지는 도금한 용잠을, 2월에는 옥으로 된 모란잠을, 5월에는 민옥잠과 떨잠을 꽂는다고 했다.

4) 쪽진머리

기혼녀의 보편적인 머리 모양새로 삼국시대부터 존재했으나 조선 순조 중엽부터 보편화되었다. 삼국시대의 쪽머리는 두발을 뒤통수에 낮게 트는 양식으로 쌍영총 벽화의 부인에게서 그 모양을 볼 수 있으며, 각저총 건귁을 쓴 여인도 납작하게 쪽을 붙인 머리 모양을 보여 주어, 이 쪽머리가 삼국시대의 공통된 두발 양식이었음을 알게 한다. 쪽머리를 고정시키기 위해 비녀나 차(釵 : 두 가닥의 비녀) 같은 것을 사용하였는데, 특히 통일신라시대 여인은 흥덕왕의 복식금제를 통해 머리 장식품이 매우 화려하고 장식성이 강하였음이 짐작되며, 쪽머리 고정을 위해 비녀나 차(釵)를 사용하였을 것으로 추측하게 한다.

쪽머리는 영조시대 가체금지령으로 인해 보편화된 머리 모양이다. 쪽이라는 말은 '다 함께, 한마음으로, 감싸다' 등의 뜻을 지니고 있다.

가체금지령 때 가체를 금지시키고 궁(宮) 양(樣)을 권장하자 반발이 생겼고, 이에 불편한 족두리를 벗고 쪽머리가 보편화되었다. 이후로 쪽머리는 사치의 대상이었다.

쪽은 말기로 가면서 궁중과 사대부가를 제외한 일반 부녀자들 사이에서는 낮고 작게, 때로는 두 개를 만들어 작은 비녀를 꽂은 형태로 바뀌었다. 그러나 신분제도가 폐지되면서 다시 크게하여 위로 올라가는 형태로 바뀌었다.

쪽머리를 하는 방법은 우선 가르마를 타고 양쪽으로 곱게 빗어 뒤로 길게 한 줄로 땋아서 댕기로 끝을 묶은 다음 쪽을 만들어 비녀로 고정시켰다.

남편이 있는 여자는 자주색 댕기를 드렸고, 과부는 검정색, 상을 당한 사람은 흰색으로 하였다. 조선시대에 처녀들도 쪽머리에 비녀를 꽂았으며 관례를 한 직후 쪽머리를 했으며 관례 전에 혼인한 여자는 혼인 전날 관례 때처럼 쪽을 지었다. 그러던 것이 차츰 여자의 관례가 없어지고 혼례와 함께 쪽을 지게 되어 기혼녀 머리의 상징이 되었다.

| 1980년 사진

| 민화 – 해외 소장

5) 새앙머리

조선시대 말 궁중 견습 나인들의 머리 모양이다.

생앙은 생의 줄임말인데, 명칭도 모양도 전통적인 쌍계에서 유래한 것이며 새앙머리는 궁중의 견습 나인들만이 아니라 왕가의 소녀들도 했고 민간의 처녀들도 했다.

나인은 한자로 (內人)이라 쓰는데, 독음인 내인이라 하지 않고 나인이라 부른다. 또한, 광해군 시대에 한글로 씌어진 《계축일기(癸丑日記)》에는 '나인' 이 아니라 '내인' 이라 한 부분이 더 많다.

보통 5세 전후에 입궁하여 관례를 치르기 직전인 20세 전후의 소녀들을 견습 나인이라 하고, 관례를 치르고 나면 나인이 되고 나인이 된 후 다시 15년쯤 경과하면 상궁이 된다.

궁중의 처소에 따라 견습 나인들의 머리 모양이 달라지는데 궁중의 의상에 수를 놓은 수방, 왕비의 옷을 제적하는 침방, 왕비의 침실인 지밀(至密)은 견습 나인들을 새앙머리를 하고 요리를 담당하는 소주방, 세수물이나 목욕물을 담당하는 세수산, 음료나 과자를 만드는 생과방, 빨래를 담당하는 세답방의 견습 나인들은 길게 땋은 머리 모양을 하고 있다.

새앙머리는 언제부터 시작되었는지 문관 부부상에 의하면 시녀들이 뒷머리에 생이 있는 머리를 하고 있었으므로 새앙머리에 대한 변화를 어느 정도 짐작해 볼 수 있다.

| 문관부인 시녀상

| 새앙머리 댕기

• 생머리, 사양계

생머리는 미혼녀들이 하던 머리 형태로 일명 사양계(絲陽髻)라고 한다.

'생' 이란 문헌에는 사양(絲陽)이라고 나온다. 정조 12년 《가체신금절목》중에는 "낭자쌍계와 사양계는 혼전에 쓰는 것이므로 써서는 안된다."라고 한 것으로 보아 주로 미혼녀의 머리 모양인 것이다. 조선시대 후기에는 궁중의 어린 소녀인 아기 내인의 머리 형태였다.

만드는 방법은 한 쌍을 각각 땋아 처음에는 약 17~18cm 길이로 가지런하게 묶고 중간을 매개 댕기로 묶은 후, 본인의 머리와 같이 매어 자주색 댕기로 묶어주는 것이다.

댕기는 묶은 머리를 가릴 정도로 넓고 길이도 둔부까지 내려올 정도로 길다. 새앙머리의 가닥은 일정치 않다. 왕을 모시는 지밀 내인은 네 가닥을 침방, 수방의 생각시들은 두 가닥이다.

여기에 봉황새나 나비가 조각된 뒤꽂이를 꽂아 장식을 하였고, 댕기 코에는 석웅황(石雄黃 : 보석의 일종)을 달았다. 그 밖의 처소의 아기 내인은 새앙머리도 못했다.

양반가에서는 정초, 동지, 연일 문안에 입궐 할 때 새앙머리에 석웅황을 매거나 떨잠을 꽂았다.

6) 첩지머리

정조 12년에 내려진 가체 금지령에 이런 내용이 있다.

“딴머리로 대신한 것으로 두 가닥을 각각 동글게 서린 낭자머리와 사양머리는 혼인 전에 하는 것이나 쓰지 못한다. 본머리에 작은 첩지와 다리(가체)를 조금 넣어 두 가닥으로 땋고, 끝을 댕기로 감아 올려 꺾어 쪽지게 하되 머리 위에 쓰는 것은 전대로 족두리로 하고, 무명솜과 얇게 깎은 대나무를 물론하고 다 검은색으로 겉을 감싸도록 하라.”

첩지머리는 그 후 궁중의 새로운 머리 형태가 되었다.

첩지는 조선시대 왕비를 비롯한 내외명부가 쪽머리의 가르마에 얹어 치장하던 특수한 수식품이다.

장식과 형태, 재료에 따라 신분을 나타내는 계급 표시이기도 하였고,예장 할 때 화관이나 족두리가 흘러내리지 않도록 고정시키는 역할을 하기도 하였다.

황후(皇后)는 도금한 용(龍)첩지를 사용하였고, 비(妃)와 빈(嬪)은 도금한 봉(鳳)첩지를, 내외명부는 지체에 따라 도금, 은, 놋쇠로 만든 개구리 첩지를 사용하였다.

은이나 개구리 첩지는 여러 장인들이 필요에 맞추어 수기로 만든 수제품이므로 똑같은 모양이 없는 것이 특징이다.

검은빛의 무소뿔로 만든 흑각(黑角)첩지는 부모상이나 남편상을 당하게 되면 매었는데 상중(喪中)에 사용하는 흑각첩지는 탈상한 후에 곧 소각해 버리거나 뒤끝을 정리해 버렸기 때문에 흑각첩지 같은 것은 남아 있는 것이 극소수이다.

현재 남아 있는 흑각개구리 첩지의 형태를 보면 개구리의 모양을 겨우 알아볼 수 있는 둔탁한 형의 것과 갸날픈 개구리형의 두 종류가 있는데, 흑각이라는 재료에서 오는 한계 때문에 세밀한 조각이 불가능했던 것 같다.

| 구한말 순종장

| 첩지 – 조선 김영숙 기증

7) 밑머리

밑머리란 치마머리나 다리를 드릴 때 원래부터 있는 제 머리털을 이르는 말이며, 댕기와 비녀만으로 머리를 꾸미고 조선시대 여성들의 머리 모양으로 표현된 대표적인 명칭은 고계이다.

조선시대가 시작되면서부터 여성들의 대표적인 머리 모양은 고계로 표현되었으며 조선시대 중기에 이르면서 가체머리, 트레머리가 등장하여 사회문제가 되기도 하였다. 여성들의 머리 모양이 처음부터 어떤 변화를 일으켜 고계라는 형태가 널리 퍼진 것이 아니었다. 고려시대부터 자연스럽게 이어져 온 게 고계였던 것이다.

조선 초 여성의 머리 모양으로 개국 초부터 상당히 자유분방한 양상을 띠고 있었으며, 그중에서도 밑머리, 딴머리, 가체머리를 통해서 알 수 있다. 신윤복, 김홍도의 풍속도에 나오는 그림을 보면, 머리 모양에 대한 설명이 잘 나타난다. 시대에 변화된 과정을 살펴보면 밑머리와 딴머리와 가체머리는 고계이면서도 기생들이 머리 위에 올린 형식이 다르다는 것을 알 수 있다.

8) 가체머리

가체머리는 조선시대 중기 원나라에서 온 가체 양식이 여인들 사이에서 크게 유행하였고, 조선시대에 들어오면서 명제 궁양의 수식을 받은 가체로 고대(高大)해지기 시작하였다.

조선시대 부녀자들은 조선 중기까지 궁중에서 일반 서민 부녀자들에 이르기까지 모두 가체로 꾸민 머리 형태를 즐겼다.

조선시대 머리 양식에서 자주 논의되는 것이 '체계 양식'이라 할 수 있는데, 체계는 가체로 꾸미는 것으로 자기 머리카락과 함께 다리, 다래, 월자, 차, 수체, 달비, 체자를 넣어 덧붙어 꾸미는 것으로 가체에 소용되는 비용이 과하여 가체 하나의 값이 20냥(당시 황소한 마리 값)에서 중인 열 집의 재산을 넘는 고가로 사회경제에 많은 영향을 미쳤다.

가체의 풍습은 신라 때에도 있었는데 가체를 몽고(蒙古) 풍속에서 온 것이라고 보는 이유는 고대의 몽골에도 우리와 같이 가체의 풍습이 있었다.

조선시대에는 가체가 부녀자 머리 모양의 절대적인 조건이 되었고 영조(英祖) 때를 전후하여 크게 성행하였다. 그러나 가체의 사치가 극도로 심해짐에 따라 1788(정조 12)년 10월 국법으로 금하는 한편, 사대부 처첩 이하의 결발(結髮) 양식도 제정하였다.

정조는 조부(祖父)인 영조의 정책을 답습하려고 노력하였다. 영조가 부녀 발제를 개혁하려다 실패한 경험이 있었던 만큼 신중을 기하였다.

영조 25년에 얹은머리 제도를 내놓았는데 이조참판 홍봉한은 얹은머리는 많은 비용이 들어 파산 지경까지 이르니, 이것을 금한다면 곧 사치를 금하는 것이 되어 백성들의 짐을 덜어 줄 것이라고 대답했다. 여자들이 얹은머리를 하는데 쓰는 다리(가발)는 천민이나 죄수의 모발을 잘라서 했으며, 머리를 한 후 여러 가지 보석을 꽂았다.

9) 기녀머리(트레머리, 관기머리)

조선 초기기에는 일반적인 기생이라는 명칭보다는 기녀라고 명칭했다.

기생은 궁중에서 의료 관계를 도와주는 약방기생(藥房妓生)과 궁에서 바느질 관련 일을 도와주는 상방기생(尙房妓生)으로 나뉜다.

1907년 기생제도가 폐지된 후 갈 곳 없는 기생들이 궁밖의 요리점으로 나오면서 기생이란 명칭이 생겨난 것이다.

기녀머리는 크게 관기(官妓)머리와 일반 기녀(妓女)의 트레머리 둘로 나뉜다. 조선은 철저한 신분 사회였다. 같은 기녀라 해도 신분이 다르면 머리 모양과 옷차림도 다르다.

| 신윤복의 미인도

관기는 궁중이나 관아에 속해 있으면서 각종 연회나 유흥 때 주로 춤과 노래를 담당하는 하급 계층 여성들을 말한다.

관기는 호적처럼 기적(妓籍)이 있었다.

자신의 몸값을 치루고 나온 관기(官妓)가 차린 것이 기생방(妓生房)이었다. 그리고 기생방에서 일하는 기생이 우리가 아는 일반 기생(妓生)이다.

관기는 신분상 관청에 속해 있기 때문에 국가가 지정하는 격식대로 기생방을 차렸다.

조선시대 기생의 배출지로 이름났던 곳은 한양, 성천(成川), 해주(海州), 강계(江界), 함흥, 진주, 경주 등이었다.

기생도 등급이 있다.

1패는 왕과 고관의 주연자리에 불려가 춤추고 노래하는 기녀,

2패는 각 관아의 고관 집에 출입하는 기녀.

3패는 일반인을 상대하는 하급 기녀이다.

모든 관기는 기안(기생 족보)에 올라 있으며, 결혼할 수는 없지만 첩으로 들어가거나 기부, 즉 기둥서방을 법으로 인정해 주었다. 옷차림이며 장신구도 양반집 여자와 같이 비단옷에 비단신을 신을 수 있었다. 조선시대 여성의 복장(服裝) 발전사를 보면 사대부 집안 여성들이 기생이 입은 저고리며 치마의 모양을 보고 따라 지어 입어서 기생이 당시의 유행을 좌우하는 선두주자였다고 한다.

한양 기생 상림춘(上林春)은 거문고를 잘 타기로 유명하여 왕궁의 연회에 자주 초청되었다. 상림춘이 한양 종루 곁에 살고 있었는데, 이조참판 삼괴당 신종호가 상림춘의 집 부근을 지나다 즉흥시를 지었다.

제 오교 머리에 아지랑이 버들가지 비스듬한데
느지막이 바람 부는 날 더욱 맑고 따뜻해지면
담황비단 패옥차고 열두 주렴에 미인은 옥과 같고
청색 패옥 찬 사신(詞臣) 말이 가는 대로 지나간다.

이 신종호의 시(詩)는 금방 퍼져나가 선비들 사이에서 애송되었고, 그 애송

시의 주인공인 상림춘의 주가는 더 올라가 좀처럼 불러댈 수 없는 인기에, 당대의 명기로 꼽히게 되었다.

그 뒤에 판부사 정사룡이 7언 율시를 지어주고, 우의정 정순봉, 영이정 홍언필, 우의정 성세윤, 찬성 김안국, 신광한 등이 시로 화답하여 이 시들이 모아져 한 권의 시첩이 되었다.

역시 한양 기생 소춘풍은 자태와 용모가 뛰어나 양반과 종실의 총애를 받았다 한다.

시(詩) 등 문장으로 유명한 명기(名妓)로 황진이, 매창, 소백주 등이 있으며 의기(義妓)로 평양 기생 계월향, 진주 기생 논개, 가산 기생 홍련 등이 있다.

명창 석개는 얼굴이 늙은 원숭이처럼 못생겼다. 그러나 어려서부터 노래를 잘하였으며 주인의 배려로 소리를 정식으로 공부하여 명창으로 알려졌다. 허균이 《성용지소록》에 노래는 기생 영주선과 송이의 여종 석개가 제일이라 하였다.

함흥 기생 가련은 시문, 노래, 검무, 거문고에 능했으며 통소와 바둑, 쌍륙에도 능한 팔방미인이었다. 가련은 자신의 배필감은 어느 면으로나 자신과 맞수가 되어야 한다고 하였는데, 드디어 그 맞수를 만났지만 불행하게도 그 남자는 고자였다.

① 관기머리

가무를 담당했던 관기는 머리카락을 밑으로 내려 동그랗게 매듭짓고 위로는 아계식으로 올리고 두 가닥 내지는 세 가닥으로 만들어 맨 위에 꽃으로 장식했다.

| 부벽루 연회도

② 트레머리

신윤복의 미인도를 보면 머리에 쓴 커다란 가체가 그 시대의 미인형을 나타내고 있는 것으로 보인다.

트레머리를 하기 위해서는 반드시 긴 가체가 있어야 하며, 이를 실타래 두르듯이 머리 주변에 둘러서 고정한다. 크기에 있어서는 가체머리와 크게 차이가 나지 않는다.

| 연소답청 - 신윤복

트레머리는 기생들만 하였다. 영조 32년 1월에 가체를 금하고 족두리로 대신하도록 한 가체 금지령과 33년 12월에 부녀자의 체계를 금지하고 상인이나 천인은 그대로 두라는 가체 금지령이 내려졌다. 이때 기생들은 머리모양을 크게 부풀게 하여 심리적인 욕구 충족을 하였다.

트레머리는 신분 상승으로 천인에 속하는 기생들에게는 허용되면서 크고 화려한 형태로 발전되어 왔다. 기생들이 용모를 더욱 화려하고 아름답게 꾸미고자 하는 욕구에 힘입어 더욱 발전하게 되었고, 그 형태학적 특징도 비대칭 구조로 나타나게 되었다.

트레머리의 형태는 가르마를 타서 뒤로 넘긴 두발을 본 머리로 하여 묶고 그 위에 꼬거나 엮은 가체 여러 개를 얹어놓은 형태이다. 반가녀의 대칭적인 머리모양과는 다른 비대칭 구조를 하고 있다.

| 야금모행 - 신윤복

| 주유청강 - 신윤복

| 술집 - 신윤복

조선시대 마지막 기생 (1890년대)

궁중 잔치에 쓰인 장식물과 복식

• 헌선도(獻仙桃)

중국 당나라 때 있던 같은 이름의 춤을 고려 때 최충헌(催忠獻)이 개작한 것이라고 전해진다. 선계(仙界)에서 왕모(王母)가 내려와 삼천 년에 한 번 열린다는 천도복숭아를 임금에게 올리는 내용의 춤이다.

| 헌선도

• 선유락(船遊樂)

곱게 당장한 한척의 배 둘레에 여러 명의 여기(餘技)가 패를 나누어 배가 떠나는 시늉을 하며, 이선가(황해도, 평안도 지역의 잡가)와 어부사(漁父詞)에 맞추어 추는 무용이다.

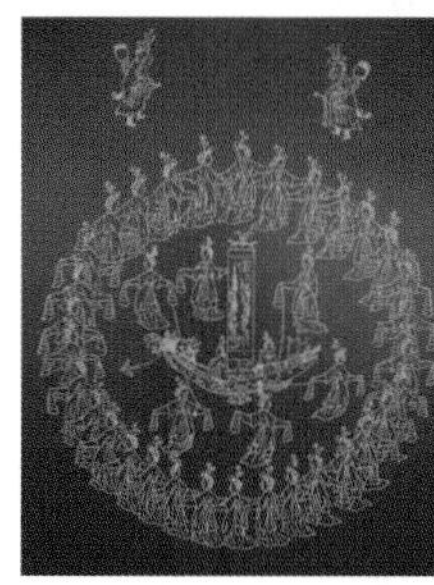

| 선유락

• 헌천화(獻天花)

선녀가 하늘의 꽃을 왕에게 바치는 내용의 춤이다. 조선 순조(1790~1834)의 아들인 익종(翼宗)이 부왕(父王)을 즐겁게 해주기 위해 창작하였다.

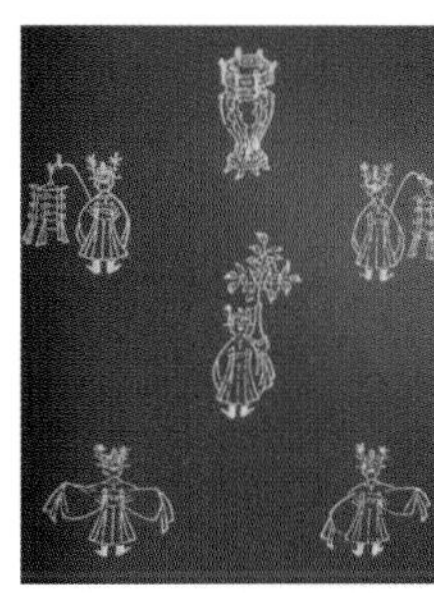

| 헌천화

• 학무(鶴舞)

연못을 상징하는 네모진 널빤지 위에 동녀(童女)가 숨어 있는 연통(煙筒)을 중심으로 춤을 추다가 학이 연통을 쪼면 그 속에 숨어있던 두 동녀가 나오고 두 학은 이를 보고 놀라 뛰어나가는 내용으로 되어 있다.

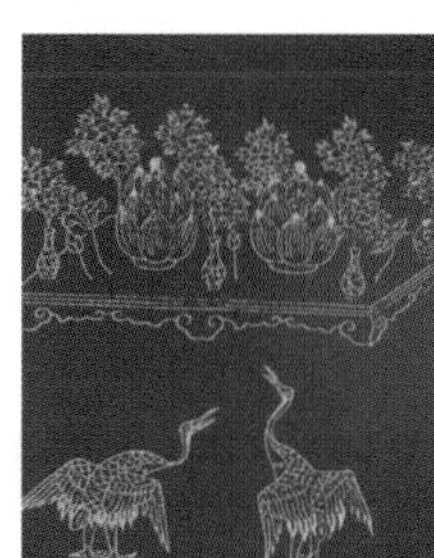

| 학무

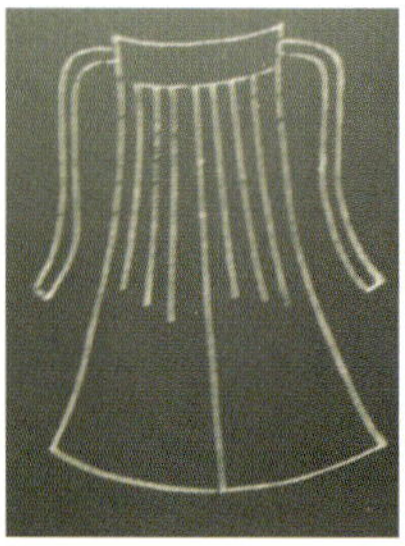

| 홍초상

| 황초삼

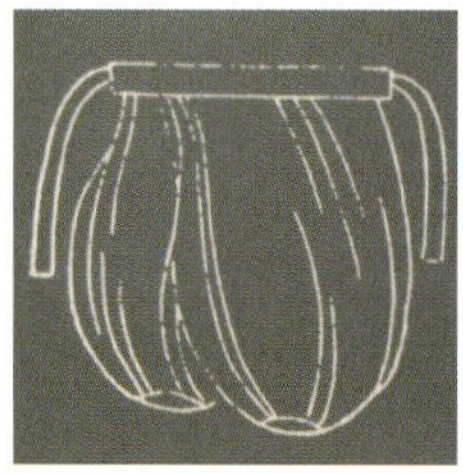

| 홍초말군

| 단의

| 금화라대

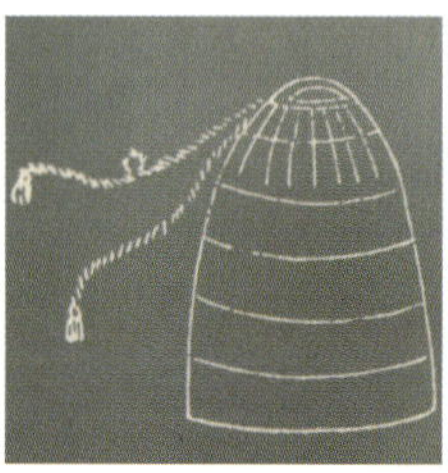

|한삼

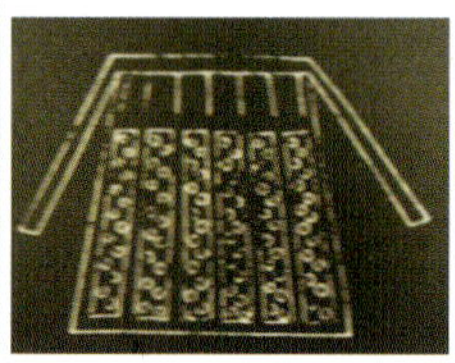

| 홍라상

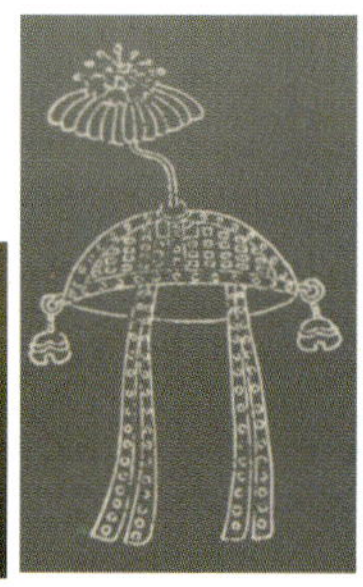

| 합립

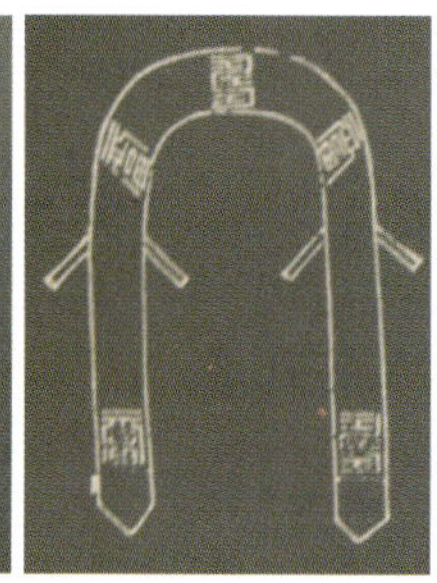

| 수대

| 화관

• 홍초상(紅綃裳)	무희의 치마 위에 덧입는 옷
• 홍라상(紅羅裳)	어린 기녀의 치마 위에 덧입는 옷
• 황초삼(黃綃衫)	무희의 겉옷
• 홍초말군(紅綃襪裙)	어린 기녀의 폭이 넓은 바지
• 금화라대(金花羅帶)	어린 기녀의 금화문을 찍은 허리띠
• 수대(繡帶)	무희의 수놓은 허리띠
• 단의(丹衣)	어린 기녀의 겉옷
• 한삼(汗衫)	무희의 손목에 끼우는 긴 소매
• 합립(蛤笠)	어린 기녀의 머리에 쓰던 관
• 화관(花冠)	무희 머리에 쓰는 화관

| 대동강에서 평안감사가 베푼 잔치

대동강에서 평안감사가 베푼 잔치의 화려한 모습을 담은 그림이다. 대동강 위에는 평안감사가 탄 배를 중심으로 악기를 연주하는 악대 및 관선(官船)이 늘어서 있고 뒤로는 관기(官妓)들이 탄배, 음식을 준비하는 배, 사대부나 아전들이 탄 작은 배들이 따르고 있다. 강가에서도 사람들이 횃불을 들고 있으며, 선 안 마을 집집마다 환영 깃발이 세워져 있다.

10) 둘레머리

발제개혁 이전까지 일반 부녀자들의 머리 모양이다.

두 갈래 땋은 머리로 머리를 둘러 이마 위에 비스듬히 왼쪽 귀 뒤로 마무리 하였다.

일반 서민 부녀자들의 머리 모양으로 보여지며, 이들의 머리 모양은 가체를 사용하지 않고 본인의 머리카락으로만 머리를 얹은 것으로 보여진다.(조선 후기) 그 크기가 기생들이 가체를 더하여 얹은머리 모양에 비해 그 크기가 작아 보인다.

서민 부녀자들은 반가 부녀자들과는 달리 출가와 동시에 육아,농업노동, 가사노동, 직조노동 등 여러 가지 일을 하였기에 시간과 경제적인 어려움으로 인해 본인의 머리카락을 이용하여 얹은머리를 하였다.

조선전기에는 저고리가 길고 가체가 얹어져 있었으나 조선중기 임진왜란 이후에는 저고리가 짧아지고 쪽머리와 본 머리만을 이용해 얹은머리를 대체했다.

그렇기 때문에 강릉 오죽헌의 신사임당은 조선 전기의 모습을 '선현 표준영정' 에 실려있는 신사임당 영정은 조선중기 임진왜란후 불타 없어진 신사임당 초상화를 '이당 김은호' 화백이 그린 것이다.

신사임당의 모습이 다르게 고증된 것은 시대의 변화이기 때문이다.

| 강릉 신사임당 박물관 앞 동상 (조선 전기)

| 논개(조선 중기)

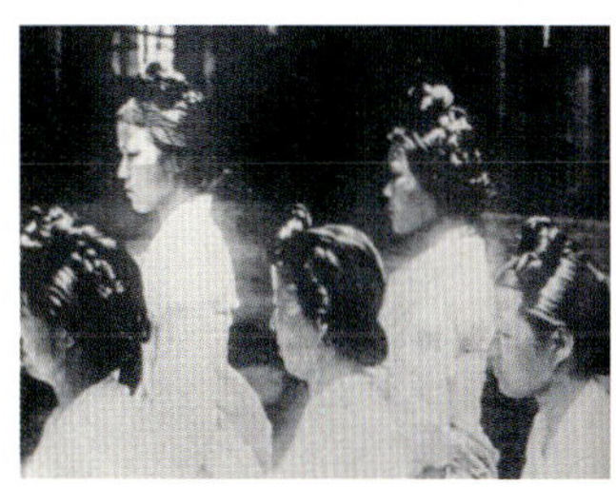
| 서북지방의 틀어올린 얹은머리

| 무녀신무(간송미술관)

11) 어여머리

어여(於汝)머리의 역사와 시대적 배경을 살펴보면 '어임머리' 라고도 하며 한자는 어유미(於由味), 어여미(於汝美)라고 하며 어염족두리를 쓰고 가체를 땋아서 크게 말아 올린 예장용(禮裝用) 머리 모양으로 '어임머리' 또는 '어여머리' 라고도 한다. 이 머리를 큰머리에 버금가는 예장용 머리라고 하고 대례복 착용 시 하는 머리형이라고 하였으나 또한 소례복의 머리 모양이라고 하였다.

안악 3호분 외 고분벽화에서는 평민의 큰머리가 나타나지 않아 5세기부터는 이 머리 형태가 왕비나 궁녀, 신녀, 기생들과 같은 특수한 신분의 여인들의 전유물이 되어가고 있음을 알 수 있고, 궁중에서는 왕비, 공주, 옹주와 상궁으로는 지밀상궁만이 하였고 일명 '또야머리' 라고도 한다.

《정조실록》 12년 10월의 기록에 의하면 "어유미와 거두미는 바로 명부(命婦)가 상시 착용하는 것인데 인가(人家)에서 잔치와 혼례 때에 사용하는 것을 금단하지 마소서"라는 내용으로 보아 정조대(正祖代)에 이르러 결혼이나 잔치에 평민도 과장된 머리형태인 어여머리와 큰머리를 연출하였다는 것을 알 수 있다. 이처럼 궁중 양식의 모방이 쉽게 이루어질 수 있었던 것은 최고의 삶을 본받으려는 허영심에서 발생된 자연스러운 현상이라고 할 수 있다.

| 영친왕비 어염족두리

| 명성황후

혜종시대(惠宗代)이후 부터는 세 명절(名節), 탄일(誕日), 평상시 문안(問安) 복식, 즉 소례복(당의) 차림의 머리 형태로 궁중의 왕비, 공주, 옹주와 지체 높은 지밀상궁과 당상관 이상 반가 부녀자들만이 할 수 있었다. 영조대에 이르러서는 어유미가 주로 외명부의 의식용으로 쓰였고 조선 말기에 와서는 떠구지머리와 어유미는 큰 구별 없이 혼용되었고 일반인도 잔치와 혼례 때에는 어유미를 사용할 수 있었다.

왕족의 머리 형태가 평민에게 쉽게 전달될 수 있었던 것은 궁궐 출입이 가능한 외명부, 기녀, 여악을 통해 가장 먼저 모방이 이루어졌고, 이를 지켜본 하층의 사람들이 자연스럽게 궁중 양식을 모방하였을 것이다.

영조시대 초에 이형상의 시문집 《병와집》에는 "어여미(於汝味) 초록당의(草綠唐衣)로써 외명부(外命婦)와 거두미(巨頭味)의 큰 구별 없이 혼용"되었던 것으로 기록되며 국말에는 더욱 간소화되어 입궐한 때에는 어유미가 아닌 첩지머리로만 꾸미기도 하였다.

| 순정왕후 윤씨

| 순종비 순정왕후 윤씨 노년

| 영친왕의 비 이방자 여사가 어여머리를 하고 궁중 입궐하는 모습과 떠구거머리를 하고 시중드는 사람들

12) 거두미

거두미의 역사 및 시대 배경에서 거두미는 일명 '큰머리'라고도 하는데, 궁중 의식 때 하던 머리 모양으로 어염족두리를 쓰고 말아올린 가체 위에 목제 가발을 얹은 머리 형태이다. 여기에 쓰인 목제 가발을 '떠구지'라고 하는데서 일명 '떠구지머리'라 하였으나 그 형태는 위와 같되 '떠구지'란 목제 가발을 '떠 받친다'는 데서 연유한 듯하다.

| 떠구지 – 조선 (대구국립박물관)

| 1895년 개화기의 명성황후

| 이혜원 옹주

| 황후대례복 (1970년대 김은호)

큰 머리는 고구려 고국원왕릉의 왕비와 시녀, 평민의 머리에 신분의 구분 없이 나타나는데, 중국 고계가 유입된 것으로 보이며, 세조원년에 명나라 사신

윤봉이 가져온 명복계양이 큰머리로 이때부터 조선에서 궁궐 양식으로 다시 사용되었으며, 조선 중기에는 가례, 길례 등에 사용된 가체의 양이 너무 많아 문제가 되어 정조 3년 비빈공주는 두발로 된 가체를 사용하되 내인들은 나무로 만든 떠구지를 사용하도록 하였다.

조선 초, 중기까지는 비빈, 내명부 전용의 머리였으나 후기에 와서 내외명부의 구분 없이 사용되었다. 내명부는 거두미라는 대형(목제) 가발을 썼는데 일종의 가발을 사용한 머리 형태를 말한다.

이 머리는 정조시대《가체신금절목(加髢申禁節目)》에서도 그 가체를 허용하고 있는 것으로 거두미는 명부가 상시 착용하였던 머리임을 알 수 있으며, 영조 초 이형상(1674~1731)의 시문집《병와집》에 부인 관복을 보면 "지금 내명부(內命婦) 및 착용하는 것이 거두미이며, 거두미 초록원삼(草綠圓衫) 주이군(珠履裙)으로서 내명부의 상복으로 한다."라는 구절로 보면 거두미는 명부 중에서도 특히 궁중에서 품계를 가진 빈, 귀인 등 후궁 등의 내명부와 혼녀(婚女)가 사용한 것임을 알 수 있다.

큰머리는 비(妃), 공주, 옹주, 당상관 부인, 지밀상궁만 할 수 있었고 왕비, 공주, 옹주는 머리 중심과 양편에 장식으로 떨잠을 꽂았으며 결국 큰머리는 비, 공주, 옹주, 당상관부인, 지밀상궁만이 할 수 있었다.

쌍아계(떠구지)는 조선 중기 이전에는 두발로 만들어 졌으나 후기에는 왕비와 왕세자빈 외에는 오동나무로 된 가체 틀인 떠구지를 대신 얹어 사용하였다. 오동나무로 만든 떠구지를 고종 임금은 '머리틀'이라고 부르기도 했다. 거두미의 수발 방법은 앞 가르마 위에 검은색 비단에 솜을 두어 중간을 잘룩하게 묶은 어염 족두리 위에 두 줄로 고정시켰다.

그 위에 가체(加髢)로서 좌우에 둥글게 구부려 만든 거대한 아계(鵝髻)를 덧붙였다. 수식으로는 어염족두리 정상과 머리 측면 좌우에 옥판에다 여러 가지 보석을 박고 화잠 등 떨잠을 꽂았다.

큰머리는 재료에 의해 두 종류로 나누는데, 목제를 만든 것과 모발로 만든 것이 그것이다. 목제 큰머리는 정조 3년(1779) 2월에 머리카락으로 만들던 가발을 나무로 대체하라는 정조의 전교(傳敎)에 의해 생겨난 새로운 제도이다.

거두미는 국혼 때에는 물론이며 헤종대에 와서는 대궐 법도가 엄격하여 조일(朝日), 정조(正朝), 동지(冬至)의 삼색범문안 때 반드시 썼고 큰 잔치 때는 왕비를 위시하여 내인들까지도 거두미를 하였다.

이때 사용되는 떠구지는 체계(髢髻) 대신 사용한 것으로 그 길이는 38.5cm에서 42cm 정도이고 폭은 20cm에서 23.5cm 정도이며 나무 전체를 흑칠하고 마치 머리를 땋은 것처럼 보이도록 음각(陰刻)이 되어 있다.

개화기의 사진을 통해 착용 양식을 살펴보면, 가발의 고정을 위해서 한 개 또는 두 개의 비녀를 꽂았다. 흑각잠, 매죽잠, 석류잠 등의 다양한 비녀를 사용한 것을 알 수 있는데, 상궁뿐만 아니라 옹주가 목제 가발을 착용한 사진이 있고 이해원 옹주의 경우에는 목제 가발 위에 떨잠을 장식한 모습을 보여준다.

13) 대수

대수는 궁중에서 왕비의 의식용으로 대례복 차림에 사용되었던 머리 모양이다. 대수는 가체로 꾸미고 있으며 그 모양이 과대하고 화려했다.

“적의의 관은 구적관이어야 하는데 수식은 국속에 따라 마련하였다.”라고 한 것으로 보아 적관을 구할 수 없으면 국속에 따른 수식으로 화관 같은 것을 사용하였던 것 같다. 대수의 양식은 앞에서 보면 머리 정상은 고계를 만들고 그 밑으로는 좌우 어깨까지 내려오면서 A자형으로 펼쳐진다. 뒤도 앞과 같으나 중간에 종으로 머리를 땋고 그 위에 비단 댕기를 묶고 있는 것이 다르다.

이때에 얹은머리는 조선조에 들어오면서 명나라 수식을 본받은 가체로 말미암아 높아지기 시작하여 다투어 화려하게 꾸미기를 좋아하여 그 사치 풍조와 폐단이 극심하였다. 이와 같은 대수에 사용한 가체의 크기에 대하여 《연산군일기》 8년에 공주 길례에 사용된 체자가 150속인 것으로 보아 궁중의식용 대수가 고대하였음을 짐작할 수 있다. 영친왕비의 사진을 보면 적의에 사용되었던 대수의 모양이 고대하고 화려했음을 볼 수 있다.

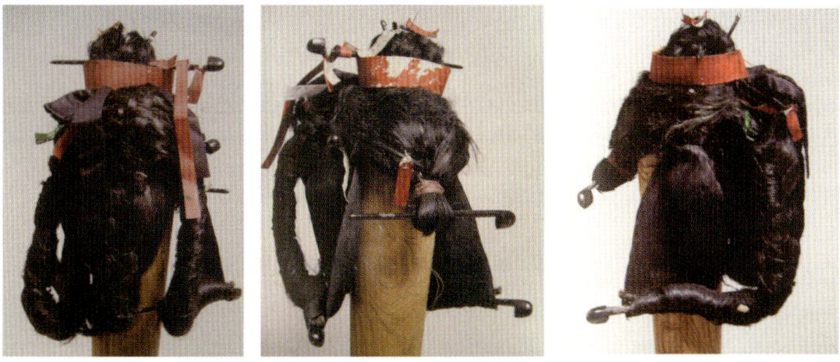

| 영친왕비대수
(국립고궁박물관)

영친왕비 유물(국립고궁박물관)

영친왕비 대요(英親王妃 帶腰)
유물번호 : 장신구 211
크기 : 74cm
재질 : 옥, 견, 금사, 비취모, 진주, 은, 홍파리, 흑각, 밀화
대요는 적의착용 시 갖추는 대수머리를 장식하던 머리띠이다.

대봉잠(大鳳簪)
유물번호 : 장신구 123
크기 : 전체길이 39.6cm, 봉황 길이 12cm, 봉황 날개 폭 6cm
재질 : 은, 진주, 산호, 청파리, 홍파리, 비취모
착용 시 가체의 뒷부분에 꽂아 사용한 비녀이다.

진주장잠(珍珠長簪)
유물번호 : 장신구 120
크기 : 31.3cm
재질 : 옥, 은, 진주, 청파리, 홍파리
적의 수식 정면의 꼭대기에 장착하였던 꽂이로, 백옥판(白玉板)에 도금한 꽂이를 연결한 것이다. 백옥판의 중앙에는 원수문(圓壽紋)을 놓고 그 좌우에는 두 마리의 봉황을 윗부분에는 당초문(唐草紋)을 투조(透彫)하였다.

백옥봉황꽂이 – 나사장옥선봉잠(螺絲奬玉선鳳簪)
유물번호 : 장신구 127
크기 : 24.9cm
재질 : 옥, 은, 진주, 산호, 청파리, 홍파리, 비취모
백옥 초롱 형태의 꽂이 머리에 매화, 국화 등의 초화문을 투각한 뒤 그 위에 봉황을 올려놓은 형태이다.

봉황꽂이 – 도금선봉잠(鍍金선鳳簪)
유물번호 : 장신구 124, 125
크기 : 18.7cm, 18.9cm
재질 : 은, 진주, 청파리, 홍파리, 비취모
4객형으로 된 긴 꽂이의 꽂이 머리에는 삼엽형의 장식을 좌우로 두텁게 만들어 붙이고 그좌우 양옆에 비취모로 장식된 8엽 화형 받침위에 당초 5발 난집으로 청파리를 하나씩 물리고 양옆은 비취모로 장식된 8엽 화형 받침위에 3발 화형난집에 홍파리를 하나 물렸다. 두텁게 만들어진 삼엽형 장식 위에 날개를 활짝 편 봉황이 올려져 있다.

백옥떨잠 – 나사장옥원반자(螺絲獎玉圓반子)

유물번호 : 장신구 129, 130
크기 : 12.1cm, 11.4cm
재질 : 옥, 은, 진주, 청파리, 홍파리, 비취모
둥근 옥판 중앙에 수(壽)자를 투조하고 가장자리는 화형으로 다듬은 백옥판 위에 수(壽)자와 새, 불로초, 박쥐, 영지를 옥판의 가장자리에 은세공하여 배치하였다.

백옥나비떨잠 – 나사장옥접반자(螺絲獎玉蝶반子)

유물번호 : 장신구 132
크기 : 높이 9cm, 폭 7.5cm
재질 : 옥, 은, 산호, 비취모, 홍파리
대수의 정면 중앙에 꽂았던 것으로 나비를 거꾸로 꽂이에 부착시켰다.

백옥영락초롱잠(白玉瓔珞草籠簪)

유물번호 : 장신구 126
크기 : 23.7cm
재질 : 옥, 은, 진주, 산호, 비취모
백옥의 비녀머리를 매화 등의 초화문으로 투각한 뒤 그 위에 은으로 세공하여 비취모로 장식한 매화, 모란, 국화, 박쥐, 나비, 새, 영지, 대나무 잎 등으로 꾸미고 중간중간 진주 떨새를 달아 장식하였다.

후봉잠(後鳳簪)

유물번호 : 장신구 121
크기 : 32.6cm
재질 : 은, 진주, 청파리, 홍파리, 비취모
기다란 동체(胴體)의 끝인 비녀머리의 좌우와 끝에 6엽의 화판을 놓고 꽃잎은 비취모로 장식한 다음 비녀머리의 좌우에는 청파리를 비녀머리 끝에는 홍파리를 물린 다음 그 위에 날개를 펴고 앉은 봉황이 얹어져 있다.

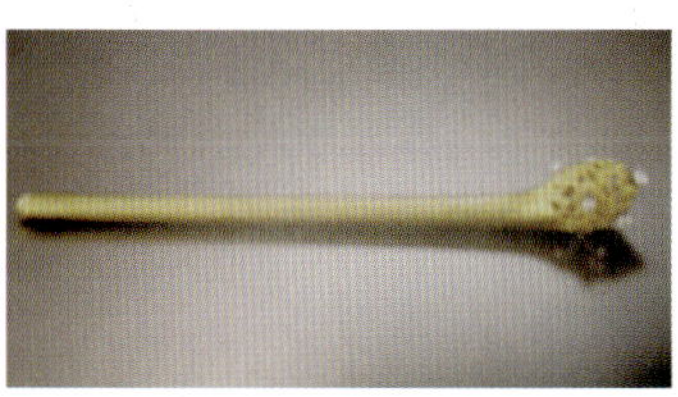

진주매죽잠(眞珠梅竹簪)

유물번호 : 장신구 105
크기 : 18.7cm
재질 : 금, 진주, 은사
금판을 투각(透刻)하여 호도 형태의 비녀 머리를 만들고 거기에 매화, 대나무잎, 새를 표현하였다. 매화가 7개 배치되어 있고 그 사이에는 서로 부리를 마주대고 있는 백두조(白頭鳥)가 두 마리 표현되어 있다. 매화 중앙에 은사로 아기 진주를 고정시켰다.

나사봉황앞꽂이(螺絲鳳凰앞꽂이)

유물번호 : 장신구 135
크기 : 12.1cm
재질 : 은, 진주, 산호, 비취모
머리를 장식할 때 앞머리 가리마 위에 꽂아 사용한 꽂이이다. 봉황의 머리와 몸체 부분을 도금한 나사로 촘촘히 엮어 만들고 날갯죽지는 나사를 꼬아 표현하였다.

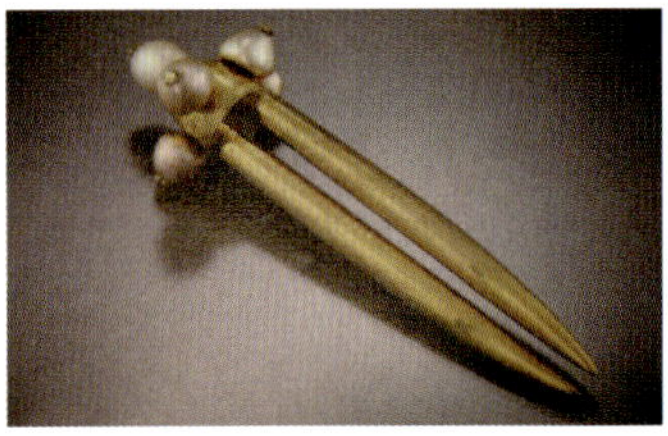

진주동곶(眞珠董串)
유물번호 : 장신구 090
크기 : 97.7cm
재질 : 은, 진주
가체의 앞꽂이로 사용된 것으로 꽂이머리는 반구상으로 만들고 위로부터 연판문, 당초문, 거치문을 음각하고 그 위에 동서남북 4개소와 비녀머리 끝에 진주를 배치하고 진주는 매화문 장식의 작은 못으로 고정시켰다.

4. 조선시대의 복식

조선시대의 복식은 예와 의식에 많은 신경을 썼는데 세종 때의 《오례의(五禮儀)》, 성종 때에 《국조오례의(國朝五禮儀)》를 간행함으로써 복식제도는 체계화되었다. 관습에 따라 일상복은 달랐다.

고려 말 목화의 보급으로 목면(木棉)을 이용한 복식이 사용됨으로써 의복생활이 다양화되었고 임진왜란과 병자호란 이후 복식 구분의 와해, 유교 윤리의식의 약화로 인한 복식의 장식성이 추구되었다.

서민층 남자는 바자마, 저고리에 버선을 신고, 신은 짚신이나 마후리를 신었다. 서민 여자는 포를 입지 못하였고 쓰개는 장옷[장의(長衣), 천의(薦衣)]에 한하였고 저고리, 적삼, 치마, 바지, 속곳, 고쟁이 등을 입었고, 짚신을 신었으며 삼화장 저고리는 입지 못했으며 치마는 오른쪽으로 여미어 입었다.

조선시대의 복식은 전기에는 고려시대의 복식제도를 거의 그대로 계승하였는데, 명나라 복식의 영향을 받아 관복제도가 확립되었으나 임진왜란과 병자호란 등을 치르는 동안 중국에서 명나라가 망하고 청나라가 등장하자 조선시대의 관복을 그대로 복식에 형성되었다.

1) 궁중예복 적의

대례복은 명에서 사여한 적의가 국말까지 사용되었다. 왕의 적의(翟衣)는 대홍단(大紅鍛 : 붉은 비단)으로 지었고 심청색 바탕감에 길이는 12등분하여 적문(翟紋 : 꿩무늬)을 넣어 대개 148쌍을 수놓았고 작은 윤화(輪花 : 둥근 꽃무늬)를 사이사이에 넣었다.

패옥과 후수는 조복(朝服)이나 제복(祭服) 등의 예복을 입을 때 옆과 뒤에 차는 의례적인 장식으로 흉배와 더불어 관직의 등급을 나타냈다.

패옥은 관직에 따라 3품 이상은 청옥(靑玉) 4품 이하는 백옥(白玉)을 찼다. 후수는 관직에 따라 색채의 배합과 수의 무늬, 거기에 매단 환(煥)을 달리하였다. 그러나 패옥과 후수는 후대(後代)로 오면서 품계 구별보다는 예복의 장식물로 의미가 바뀌었다.

- 후수(後綬) 조선 후기 - 관리가 조복(朝服)이나 제복(祭服) 등의 예복을 입을 때 뒤에 두루는 띠장식(중요민속자료 13호 정원용의대)
- 패옥(佩玉) 조선 후기 - 관리가 조복(朝服)이나 제복(祭服) 등의 예복을 입을 때 좌우에 늘이어 차는 옥장식(중요민속자료 13호 정원용의대)

| 후수

| 패옥

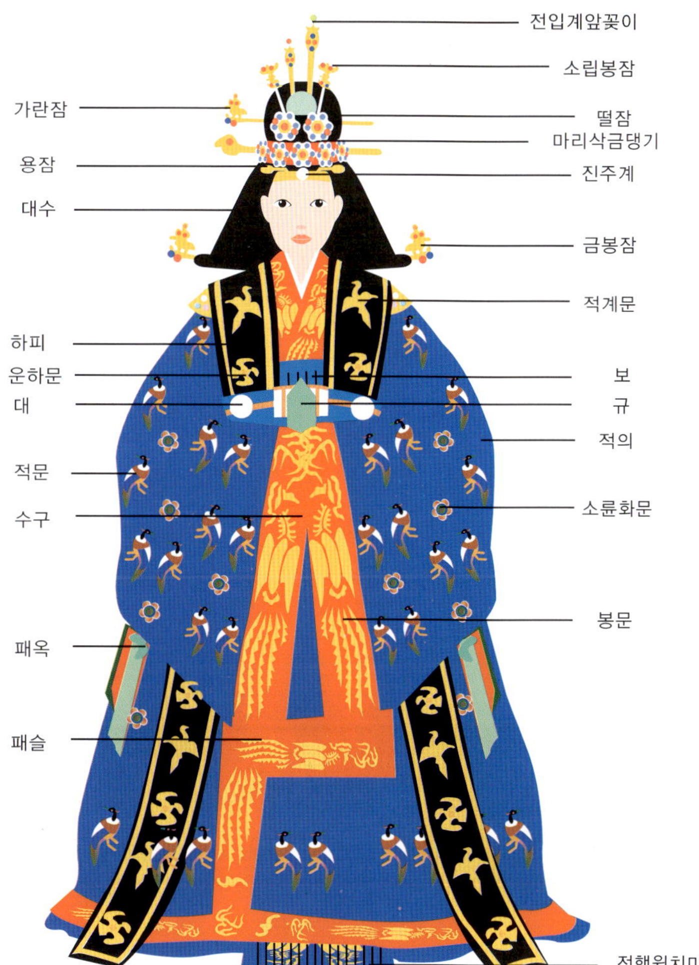

2) 원삼활옷당의

원삼은 겹으로 하여 적자색 다홍색 길이에 뒤가 길고 앞이 짧으며 소매가 넓으면서 끝에는 홍, 황의 두 가지 색동과 금직단의 백한삼(白汗衫) 원삼이나 활옷의 소매 끝에 대는 흰천이 붙어 있으며 저고리단 부분과 7척 길이의 홍단대에는 운봉문(雲鳳紋)을 화려하게 금직하고 앞가슴과 뒤에는 쌍봉문의 흉배(胸背) 왕복과 문무 백관의 상복에 부착하는 수놓인 천을 장식하였다. 활옷은 꽃무늬가 많은 것으로 화의(花衣)라고도 하며 우리말로 활옷이라고도 한다.

| 녹원삼

| 활옷

| 당의

• 당의 – 조선

조선시대 왕비(王妃), 빈(嬪), 상궁(尙宮), 사대부 부인들이 입던 예복이다. 왕비나 빈은 금박을 찍고 양어깨, 가슴 등에 보(補)를 달았다.

3) 일반 의복 저고리

조선시대에는 삼, 한삼 저고리의 저구리, 저고리, 결막이란 말이 있고 궁중용어로 동의 대라는 말도 쓰였다. 저고리란 말은 조선 세종 2년(1420)의 실록에 처음 보지만 고려 충렬왕 이후 원의 지배하에 있을 때부터 사용된 용어이다.

| 색동한복

| 조선 17세기 전반 저고리

| 회장저고리

• 노리개

| 나비무늬수 노리개

| 매미 무늬수 노리개

| 부귀재 별전 노리개

| 비취박쥐 삼작 노리개

| 노리개 – 19세기

| 삼작노리개 18–19세기

| 은행집단작노리개

| 은투호 삼작 노리개

4) 치마

조선시대에도 길고 넓은 치마를 입었는데 속에는 여러 겹의 속옷을 입어 하체를 부풀렸고, 서민이나 노비의 여인들은 두루치기라는 폭이 좁고 짧은 치마를 입고 앞치마를 덧입었다.

4. 조선시대의 화장

조선시대 초기에는 유교 숭상이 강조되면서 내면의 아름다움과 점잖은 용모의 여성미를 기준으로 삼으면서, 얼굴 화장은 위축되었으며, 부녀자들은 색조 화장보다 평상시 기초 화장에 주력하였다.

숙종(肅宗) 때 화장품 행상인 매분구가 존재했던 것으로 보면 조선시대 화장품의 생산, 판매가 산업화 할 조짐으로 보일 정도로 다양하게 소비되었고 일시적이긴 하나 궁중에 화장품 생산을 전담하는 관청인 '보염서'가 설치된 적도 있다. 그리고 장기간에 걸친 임진왜란과 정유왜란으로 인한 경제적, 정치적인 변화와 사회 풍조를 막기 위해 옷차림, 장신구, 화장 등에 내려진 금지령이 영향을 미쳤기 때문이다.

| 유병

| 화장도구상자

| 경대 – 조선

• 화장품 용기 / 분합 (국립중앙박물관)

머리를 치장하기 위하여 머릿기름을 담아두었던 청화백자진사당초문합(青華白磁辰砂唐 草紋盒)이다. 이 용기는 동백기름을 담아두었던 그릇으로 뚜껑에는 중앙에 수(壽)자를 그리고 그 주변에 3개의 당초 줄기를 표현하였다. 합의 옆면에는 수와 복이 번갈아 쓰여 있고 사이사이에 당초 줄기가 배치되어 있다. 진사(辰砂)를 사용한 효과가 돋보인다. 청화백자 분합과 함께 경대(鏡臺)에 보관되어 있다.

분과 분첩이 들어 있던 당초문 진사 청화백자 합이다. 뚜껑 중앙에는 수(壽)자를 그리고 그 주변에 3개의 당초줄기를 표현하였다. 합의 옆면에는 당초 문양이 없으며 수(壽)만 있다.

• 분접시(粉蝶匙)

청자로 만든 작고 납작한 접시는 화장품을 갤 때 사용했을 것으로 생각된다. 같은 모양 여러 개가 세트로 구성되며, 무늬를 넣지 않은 것에서부터 무늬를 찍어낸 것, 상감 · 철화기법으로 간결한 무늬를 시문한 것 등 다양하다.

• 분합(粉盒)

청자 합은 얼굴에 바르는 분을 담아 보관하는 데 쓰였을 것으로 생각된다. 그릇 가장자리를 꽃잎처럼 만들거나 뚜껑에 무늬를 넣어 아름답게 장식하였다. 큰 합 안에 작은 합 여러 개가 들어가 세트를 이루는 모자합(母子盒)도 있다.

• 유병

향유, 머릿기름 또는 화장품을 개는데 쓰는 기름 등을 보관하였던 것으로 생각된다. 몸체가 주판알처럼 생기고 입구가 좁은 것, 통통한 것, 목이 긴 것 등 다양한 형태의 유병이 있다.

• 분항아리

분이나 연지 등을 담았던 작은 항아리 모양의 화장 용기이다. 여기서 화장품을 소량 덜어내어 분접시에 놓고, 작은 연적 모양의 분수기로 물을 조금씩 부어가며 화장품을 갰다.

• 분접(粉楪)시

작고 오목한 접시로 분이나 연지 등을 개는 데 사용했을 것으로 생각된다. 만자 무늬, 칠보 무늬, 수자 무늬 등 일상의 복을 기원하는 의미가 담긴 무늬로 장식하거나 풀꽃 등을 소박하게 그려 넣었다.

• 분수기(粉水器)

연적과 비슷하게 생겼지만, 한 손 안에 들어갈 만큼 크기가 작고 앙증맞은 화장 용기이다. 화장품을 개는 데 쓰이는 물을 담아 두고, 분 접시에 조금씩 부어가며 사용했다.

05 여인들의 수식

1. 비녀의 종류

비녀는 머리를 얹거나 쪽을 진 후 머리가 풀어지지 않게 하고 그 모양을 고정시키기 위해 사용하는 수식 용구의 하나로 한자어로 잠(簪), 계(笄), 채(釵)라고 한다.

비녀는 한쪽 끝이 뭉툭하여 빠지지 않게 되어 있으며 뭉툭한 부분에 여러 가지 형태와 문양을 장식하기도 한다.

비녀는 남녀 공용이기도 했으나, 정조(正祖)의 부녀자 발제개혁과 더불어 쪽머리가 일반화되면서 비녀는 거의 여성의 전유물이 되어 버렸다.

비녀는 혼례식 때 신랑이 신부에게 주는 사랑의 정표이기도 했다.

비녀의 종류에는 금비녀, 은비녀, 백동비녀, 놋비녀, 옥비녀, 비취비녀, 산호비녀, 죽절잠, 석류잠, 국화잠, 호두잠 등으로 구분한다.

비녀는 채(釵)와 잠(簪) 두 종류가 있다.

채는 몸체 위의 부분에 장식이 달려 장식비녀 이름을 사용하며, 조선시대에 이르러서는 잠(簪)을 가로로 길죽한 몸체에 잠두(簪豆)비녀 머리가 널리 사용되었다.

여성의 필수품으로 사용되었던 비녀는 재료와 용도, 계절 및 절기 등 신분에 따라 일반 서민들에게 사용이 허용되기도 하였다.

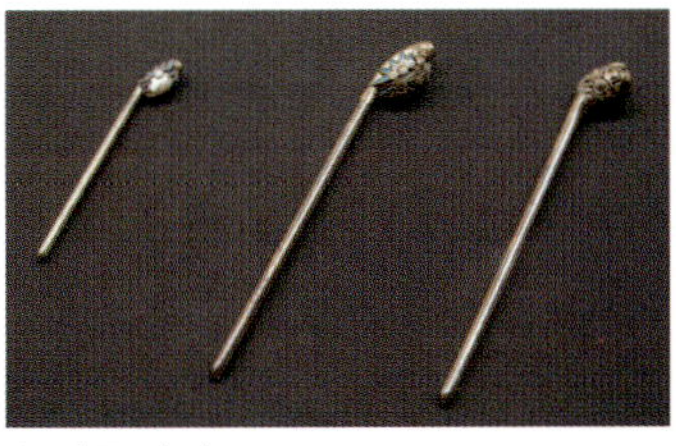

| 진주비녀

| 비녀

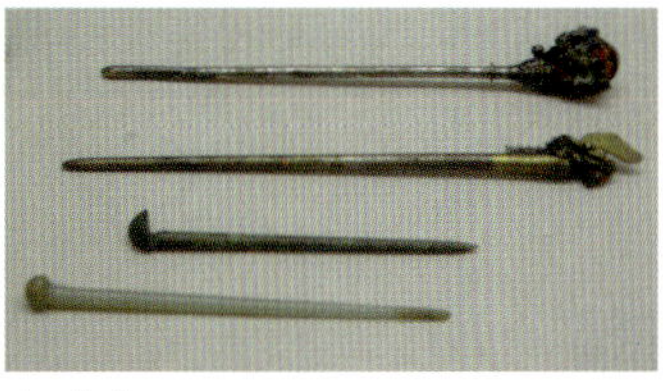

| 비녀

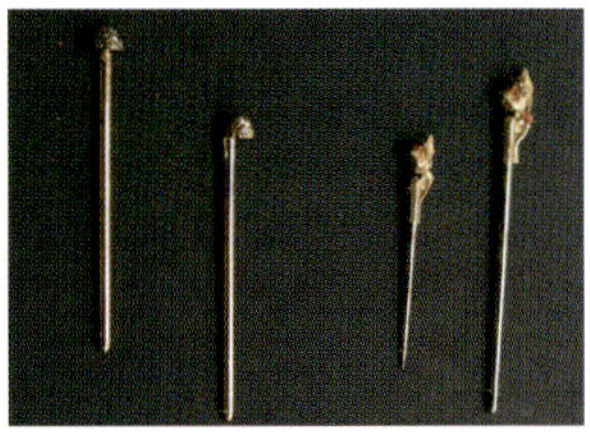
| 용머리장식비녀, 국화장식비녀

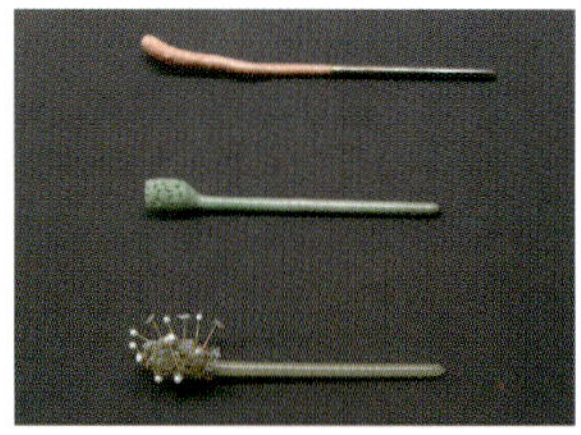
| 초롱모양비취비녀

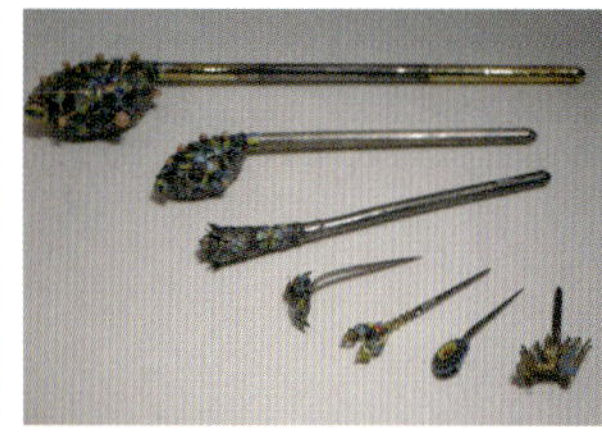
| 비녀와 뒤꽂이 - 조선 후기

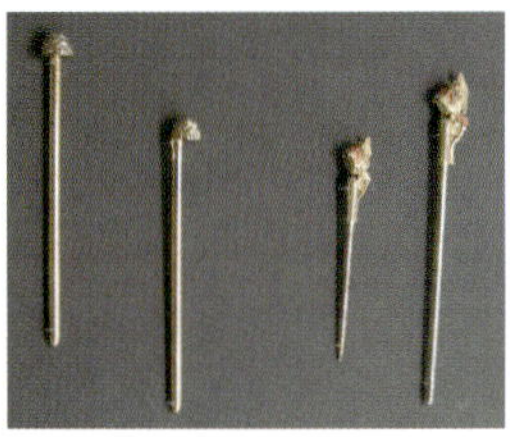
| 차림대수머리에 착용하는 비녀

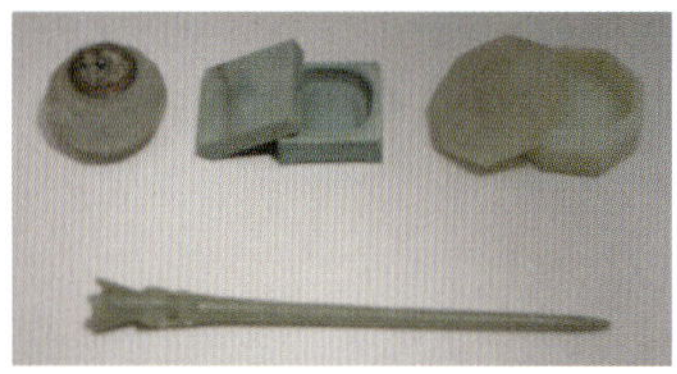
| 군주의 옥비녀와 옥합

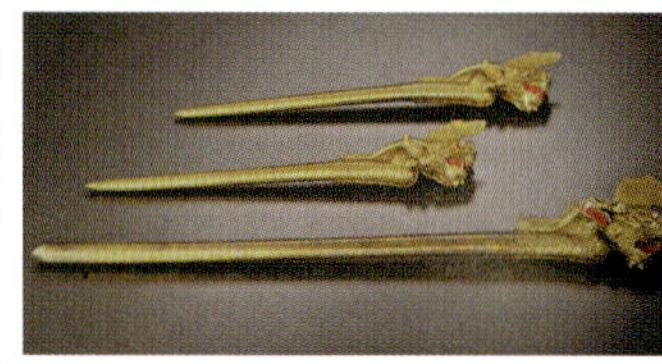
| 용잠

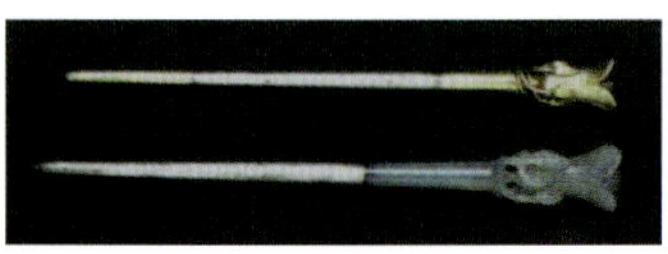
| 화유옹주 유물

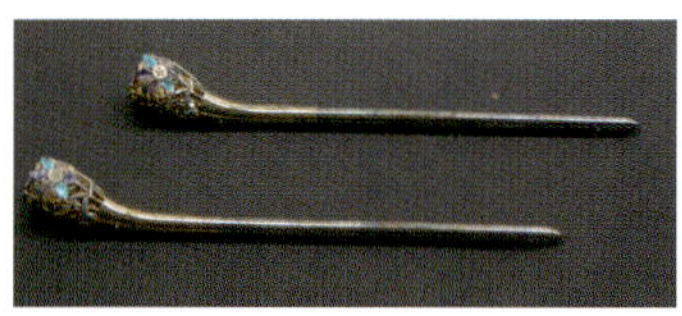
| 난초장식비녀

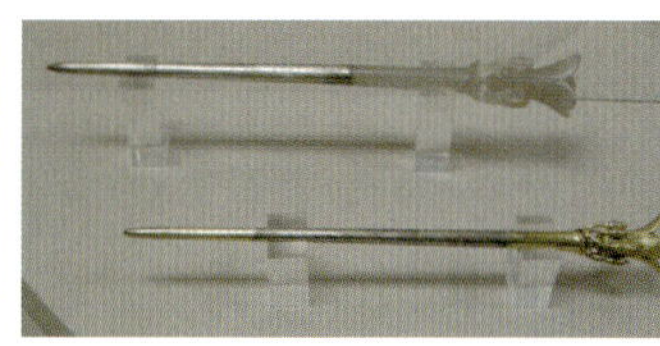
| 은비녀

| 비녀

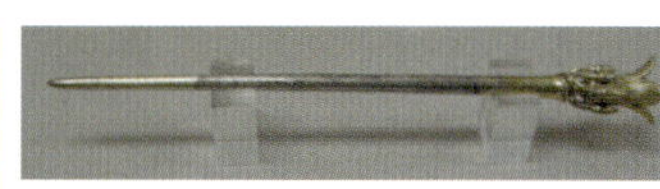
| 은비녀

2. 족두리, 화관

족두리는 본래 머리 정수리의 쪽을 감싸서 묶는 역할인 동시에 검은색 천으로 만든 일종의 실용적인 가체(假髢)였다.

조선시대 여성들의 머리 장식으로는 여자들이 일할 때 머리를 정돈할 목적으로 쓰는 수건과 함께 의례에 사용하던 화관과 족두리가 그것이다. 또한, 복을 기원하는 문양 등을 수놓거나 장식하여 아름다움을 함께 누리고 즐겼다.

19세기 이후 부녀의 쪽머리가 정착하면서 족두리는 의례에 참석할 때 쓰는 특별한 예관으로 정착하였다. 정조 12년 가체를 금지한 '가체신금절목'에서는 혼인 때 칠보 족두리를 사용하지 못하게 하였다.

여인의 관모로는 유일하게 관혼상제에 두루 착용되었고 현재에도 사용되고 있는 족두리는 남자의 갓에 버금가는 대표적인 여자의 예모이다.

조선시대 일반 부녀자의 일상적인 머리 형태로 반가에서는 쪽머리를 크게 하기도 하고 여러 가지 장식으로 호사를 하였다.

조선왕조 후기 영조의 발제개혁 이후에도 머리에 많이 장식하는 사치는 여전하였다.

화관, 족두리는 부녀자들이 예복에 갖추어 쓰는 관모로써 미적 장식품 가치를 지니고 있었으며 서민도 혼례 때 착용할 수 있었다.

| 족두리

| 화관 – 20세기 전반

| 화관과 비녀

| 족두리 상자

3. 뒤꽂이

뒤꽂이는 비녀 이외에 쪽진머리 뒤에 덧꽂는 수식(首飾)품을 말한다.

여인의 뒤 자태(姿態)에 미(美)를 부여한 선인들의 섬세함이 느껴지는 수식물이다.

쪽진머리 뒤에 덧꽂는 비녀 외의 장식품, 끝이 뾰족하고 다른 한 끝에는 여러 가지 형태의 장식이 달려 있어 뾰족한 곳을 쪽에 꽂아 장식한다.

궁가(宮家)와 반가(班家), 일반의 신분에 따라 달리 사용하였으며 일반에서 사용한 뒤꽂이는 과판이라 하여 국화 모양의 장식이 달린 것, 연봉이라 하여 막 피어 오르는 연꽃 봉우리를 본떠 만든 장식이 달린 것을 썼다.

장식적인 모양에는 매화, 화접, 나비, 천도, 봉 등이 있고 실용적인 면을 겸한 것으로는 귀이개, 빗치개, 뒤꽂이 등이 있다.

빗치개는 여인에게 머리를 빗는 도구 중에서 빗 외에 가장 필요한 것으로써 가르마를 갈라 머리를 정리하는데 소용될 뿐만 아니라 밀기름을 바르는 도구였고 빗실 틈에 낀 때를 빼는데 썼다.

귀이개는 원래 귀지를 파내는 기구인데 장식화하여 쪽머리에 꽂았다.

또한, 귀이개 구실만 하는 하나 짜리가 있고 귀이개와 함께 꽂이가 가지처럼 달린 것이 있다.

비취편복뒤꽂이
유물번호 : 장신구 091
크기 : 5.3cm
재질 : 은, 옥(경옥), 진주
영친왕 유물(국립고궁박물관)

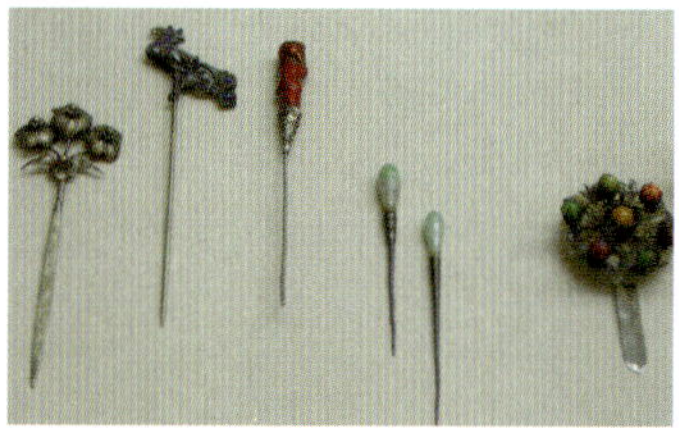

| 꽂이

| 뒤꽂이 – 조선 후기

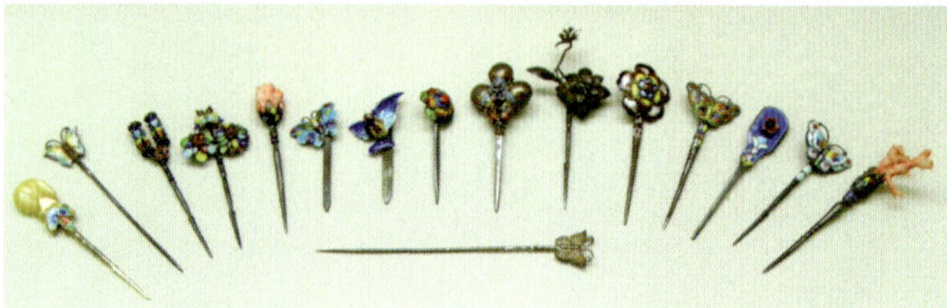

| 전통 뒤꽂이

국화문 앞꽂이
유물번호 : 장신구 134
크기 : 10cm, 옥판지름 6.4cm
재질 : 옥, 은, 진주, 홍파리
국화 문양을 투조한 유백색 옥판의 중앙에 매화를 양각하고 그 위에 8엽으로 된 화형 금속 받침을 놓고 비취모로 화판을 장식하였다. 그 화판 위에 거미발 난집으로 홍파리를 물려 꽃술을 장식하였다. 꽃잎의 표현은 어자문 기법으로 꽃잎을 메운 후 그 위에 비취모를 입혔다. 꽂이 끝에는 연꽃잎의 화판을 만들어 옥판과 연결하였다.

4. 빗

영친왕비(英親王妃) 빗으로 20세기 초 크기는 상·중·하 나무로 만들어 졌으며, 얼레빗은 빗살이 굵은 반원형의 큰 빗으로 반달 모양으로 생겨서 월소(月梳)라고도 한다.

크기는 다양하며 빗살 또한 성긴 것과 촘촘한 것이 있다. 얼레빗은 주로 마무리 손질에 사용하거나 머리가 흩트러질 때 간단히 정돈하는데 쓰였다.

삼국시대의 빗은 경주의 금령총에서 출토된 나무빗 1개와 식리총에서 출토된 나무빗 2개이다. 다동강병 제7호 고분에서도 빗이 출토된 예가 있는데, 통일신라시대부터 빗은 머리를 정돈하고 다듬는 역할뿐만 아니라 장식용으로도 즐겨 이용되었음을 알 수 있다.

특히, 조선시대에는 빗에 주칠을 하고 화각, 조각 등을 아로새겨 아름다운 작품들이 나와 부녀자의 애장품으로 귀하게 다루어 졌다.

참빗 제작 과정

① 3년된 대나무를 쪼개 겉죽과 안죽으로 분리한다.
② 겉죽을 백칼과 조름 틀을 이용해 얇은 형태의 빗살로 뺀 후, 실로 엮는다.
③ 빗살을 염색해 햇볕에 말린다.
④ 대등(참빗의 등)을 만들고 인두로 그림이나 글자를 새긴다.
⑤ 염색한 빗살을 대등에 아교로 붙여 말린다.
⑥ 들쑥날쑥한 빗살을 다듬고, 참기름을 묻힌다.

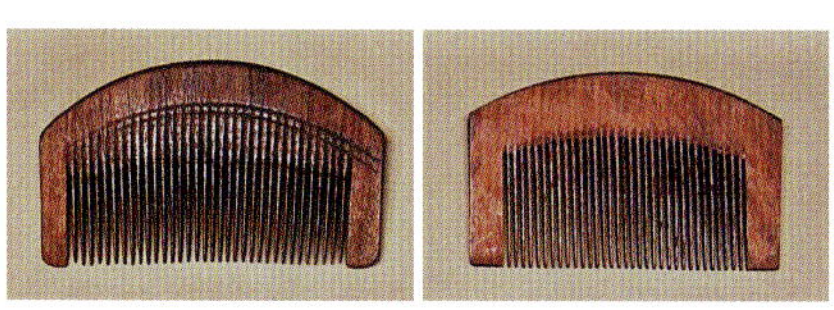

| 얼레빗
빗살이 굵고 성긴 반원형의 빗
(20세기)

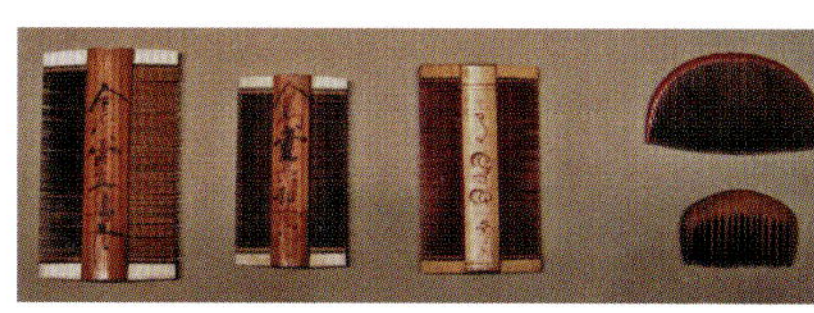

| 참빗
빗살이 가늘고 촘촘하여 머리를
가지런하게 다듬는 빗이다. (20세기)

| 화각빗(19세기)

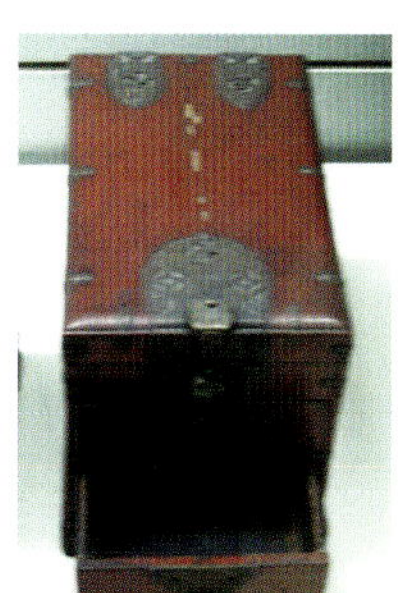

| 빗집

화각면빗과 주칠면빗

유물번호 : 장신구 185~196
재질 : 나무, 우각, 주칠, 흑칠
면빗은 머리를 결 맞추어 땋을 때 흐트러진 머리카락이 없도록 가다듬어 넘기는 빗이다.
주칠 면빗은 주칠이 된 면빗으로 빗살이 촘촘하고 곱다.

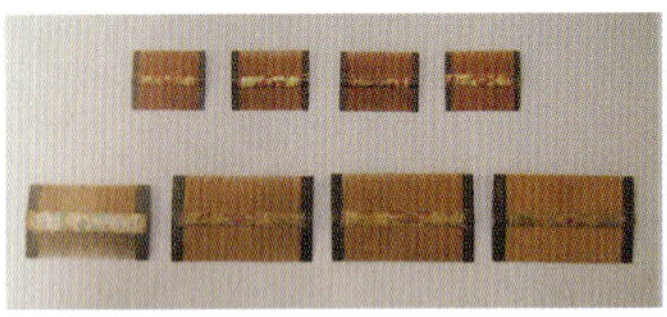

화각참빗과 화각음양빗

유물번호 : 장신구 197~204
재질 : 대나무
참빗은 머리를 곱게 빗을 때 사용하는 것으로 빗살이 가늘고 촘촘한 대빗이다. 중앙에 넓적한 대쪽을 앞뒤로 붙이고 좌우에 촘촘하게 살을 박아 만들었다.
화각으로 된 음양소(陰陽梳)로 빗살을 한쪽을 성가시게 하고, 다른 한쪽은 촘촘하게 만들어 양쪽의 용도가 다르게 만든 빗이다. 형태는 사각형이며 등대에 꽃문양이 그려진 화각을 붙여 장식하였다.

뿔빗치개

유물번호 : 장신구 205, 길이 : 15.6cm
재질 : 흑각
빗치개는 빗살 틈에 낀 때를 제거하거나 머리의 가리마를 타는데 쓰이는 도구이다. 쇠붙이나 뿔, 뼈 등으로 만들며 한쪽 끝은 둥글고 얇아서 빗을 치게 되고 다른 한쪽 끝은 가늘고 뾰족하여 머리에 가리마를 타는데 쓰인다. 장신구 205의 빗치개는 흑각(黑角, 무소뿔)으로 된 빗치개이다. 형태는 위쪽에서 부채 형태로 둥글게 퍼진 것이 밑으로 갈수록 차츰 좁아진다.

5. 댕기

1) 댕기의 역사

《증보문헌비고》에 "단군 원년 나라 사람들에게 머리를 땋고 개수(盖首)하는 법을 가르쳤다."라는 내용과 "삼한(三韓)의 부인은 반발(般髮)하였는데 모두 아계(鵝髻)를 찌었고 여발(餘髮)을 늘어뜨렸으며 여자는 말아서 뒤에 드리운다."라는 기록을 통하여 삼국시대 이전에는 머리를 빗어 정리한 것을 알 수 있다.

고려시대에는 머릿수건이나 비녀 모양의 장식과 머릿수건이나 머리띠에 천을 사용한 모습 등을 찾아볼 수 있다. 그러므로 댕기의 기원은 머리를 빗어 정리하고 장식하기 시작하면서부터 사용된 것으로 보아야 할 것이다.

신라의 댕기는 "여자는 미발(美髮)을 머리에 동이고빈수(繽首) 주채(珠綵)로서 장식한다."라는 기록을 통해 댕기 사용을 유추해 볼 수 있다.

백제도 "미혼녀는 머리를 땋아 편발(編髮) 머리 위에 서리고 한 가닥을 늘어

뜨려 장식하고 기혼녀는 양쪽으로 나누어 빗었다."라는 기록으로 고구려의 부녀자들은 말갈기 같이 만든 머리를 오른쪽 어깨 위에 드리웠다고 하며 삼국 모두 댕기를 사용했음을 알 수 있다.

조선시대에는 여러 가지 머리 모양을 하기 위하여 다양한 가체와 댕기를 사용하였고 그 종류가 다양하다.

고종 32년(1895) 단발령 이후로 댕기의 착용을 점차 사라지게 되었고 1900년대에 들어서면서 우리나라 여성들은 챙머리를 하기도 하였으나, 한복을 입었던 대부분의 여성들은 쪽머리나 댕기를 계속하였다가 1910년 경술국치 후에 한복 착용이 늘면서 여학생들은 한 갈래 혹은 두 갈래로 땋아 그 끝에 자주댕기를 드리웠고, 1920년대에 둘레머리와 첩지머리가 유행하였다. 이후 1934년 이화학당에 단발머리 5~6년 동안 계속되었다가 1937년 퍼머넨트가 보급되면서 광복 후에는 쪽진머리나 댕기머리를 찾아보기가 어려워졌다.

2) 댕기의 명칭

일반적인 단성(澶誠) 댕기의 명칭은 당계(唐紒), 당지(唐只), 단계(檀戒), 단기(檀祺), 단성(澶誠)

한글 표기로는 당게, 당귀, 단기, 당기, 대이, 댕기, 머리띠, 멀때 등 댕기에 다양한 방언도 있다.

① 당계(唐紒), 당지(唐只)

《이조어사전(李朝語辭典)》에서 당계(唐紒)와 당지(唐只)를 댕기임을, 《한국한자어사전(韓國漢字語辭典)》에는 당게는 당기와 같다고 밝히고 있다. 그러므로 당게, 당계(唐紒), 당지(唐只)는 모두 댕기를 말하는 것이라고 하겠다.

② 단계(檀戒), 단기(檀棋), 단성(檀誠)

정약용의 《풍속고(風俗考)》에서 "지금 아이들이 땋은 머리를 끝에 드리운 헝겊이나 실은 단계, 단기라 하니, 이는 단군께서 백성들에게 머리 땋은 법을 가르치시고 신령한 성품 닦기를 훈계하였으므로 백성들이 신덕(神德)을 추모하여 머리를 땋아 드리우고, 단계라 하며 반드시 거기에 '수복강녕'이라고 쓰고 이를 '빈다'라고 하고 있어 여기에서는 댕기가 우리나라를 처음 여신 단군을 추앙하는데 생겨난 것"이라 하고 있다.

댕기의 기원에서 살펴보았듯이 오래전부터 사용해 온 것이나 댕기의 한자어는 당(唐)을 사용해 왔다.

3) 댕기의 종류

댕기는 조선시대의 화려하고 다양한 수식 가운데 재료가 금속이나 보석이 아닌 유일한 직물 수식이다. 주로 사(紗)로 만들어 그 위에 금박이나 보석 등으로 장식하였고, 모양과 빛깔 등 용도에 따라 달랐다.

조선시대에 사용한 일상용 댕기는 용도와 꾸밈에 따라 여러 가지 종류가 있는데 쪽댕기, 큰댕기, 앞댕기, 도투락댕기, 말뚝댕기, 제비부리댕기 등으로 구분 할 수 있다.

쪽댕기는 쪽머리를 곱게 하기 위하여 사용하는 댕기이다. 젊은 사람은 빨강, 나이든 사람은 자주, 과부는 검정, 상제는 흰색이다.

얹은머리의 자적댕기, 의식 때의 큰머리, 어여머리를 할 때의 매개댕기도 쪽댕기에 속한다.

매개댕기는 자줏빛 명주에 솜을 넣어 길고 통통한 끈처럼 만든 댕기이다.

큰댕기는 궁중, 양반집에서 신부가 예장할 때에 사용하는 댕기이며, 도투락댕기라고도 한다. 짙은 자주빛 비단이나 사(紗)로 만들어 뒤에 길게 늘이기 때문에 뒷댕기, 주렴(朱簾)이라고도 한다.

나비는 10cm 정도로 두 갈래이며, 윗부분은 삼각형으로 붙어 있고, 길이는 치마 길이보다 약간 짧다.

경기 이외의 남쪽이나 북쪽 지방에서는 금박 대신 비단 색실로 장식하고 칠보꽃을 화려하게 둘레에 돌려 붙이기도 하였다.

북서 지방에서 혼례에 사용하였다는 고이댕기도 큰댕기의 일종이다. 앞댕기는 혼례 때 큰댕기와 짝을 이루어 양쪽 어깨 위에서 앞으로 늘이는 댕기이다. 나비는 5cm 내외이며 금박을 박았고 양 끝에 진주, 산호주 장식을 하였다.

도투락댕기는 혼례 때에 신부가 드리는 큰댕기를 지칭하기도 하나, 흔히 그와 형태가 같은 소형의 어린이용 댕기를 일컫는 예가 많다.

긴 직사각형의 댕기를 2폭이 나란하도록 반으로 접되, 접힌 위가 세모꼴이 되게 한다. 여기에 조그마한 끈을 달아 머리가 채 자라지 않은 어린이의 뒤통수에 바짝 달아맨다.

말뚝댕기는 어린이용 댕기로 도투락댕기를 맬 시기는 지나고 제비부리댕기를 드리기에는 아직 이른 때에 사용하였다.

도투락댕기와는 달리 반으로 접힌 윗부분이 네모꼴이다.

제비부리댕기는 미혼자의 땋은 머리에 드리는 댕기이다. 처녀들은 빨강, 총각은 검정을 사용하였는데 크기는 연령에 따라 다르다. 말뚝댕기 다음 시기에 사용하였으며 처녀들의 댕기는 화려하게 금박을 박았다.

댕기의 특이한 재료로는 닥나무로 만든 한지가 있는데, 남녀노소가 상을 당했을때 만들어 탈상 때까지 조심스럽게 사용하였다.

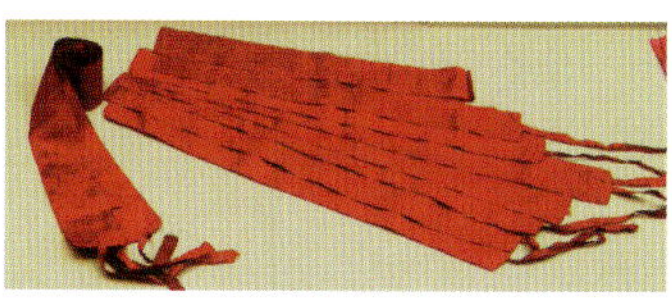

| 댕기

| 도투락댕기

| 댕기

| 도투락댕기

| 앞줄댕기

석웅황댕기

유물번호 : 장신구 209

재질 : 석웅황, 견사

석웅황은 광택이 나는 돌의 일종으로 염료(染料)나 재료(材料) 등으로 사용된다. 조선시대에는 부녀자나 어린이들이 석웅황을 몸에 지니면 뱀에게도 물리지 않는다.

6. 여인의 쓰개

• 외출, 그 설레임

조선시대의 여성들은 가능한 외출을 삼가고, 집 밖으로 나가야 할 일이 있을 때에는 가마를 타거나 내외용(內外用) 쓰개로 가리고 다녔기 때문에 남성들의 포와 같은 겉옷이 발달하지 않았다. 따라서 남성들의 경우 실내는 물론 일상시에 포를 입는 것이 예의인 반면, 여성들의 경우는 실내에서는 포를 착용하지 않는 것이 예의에 맞는 것이 되었다. 여성들의 대표적인 겉옷은 장옷, 두루마기를 들 수 있는데, 외출용 겉옷으로서 두루마기를 입게 된 것은 개화기 이후의 일이었다. 여름에는 모시나 삼베, 봄, 가을에는 명주나 무명을 사용했다.

겨울에는 단(緞)을 사용하여 솜을 넣고 누벼서 만들기도 하였다. 특히 겨울에는 조바위나 아얌, 풍차 등을 함께 착용한다.

여자의 쓰개류는 원나라 간섭 이전의 몽수(蒙首), 멱리(冪䍦), 가사(袈裟), 화관(花冠)과 원나라 간섭기의 두면(頭面)이 있다.

① 몽수, 멱리, 가사는 같은 유행으로써 여자의 외출용 쓰개를 지칭하는 것이다.

② 왕과 관리위원 등이 관모나 의장 시의 쓰개로 착용한 것으로 원 간섭 이전의 자모, 조사모자, 오모, 오사고모, 고모, 금화모자, 금화고모, 금화대모와 원 간섭기의 모자, 단모, 종모, 고정모, 백모, 흑모, 사모, 오사모, 칠사위모, 금화모, 전모가 이에 속한다.

③ 여자 쓰개를 지칭하는 것은 원 간섭 이전의 교방 소아가 착용한 하모(霞帽), 화모(花帽)가 있다.

④ 난모류로서 원 간섭 이전에는 그 기록이 보이지 않고 원 간섭 이후의 문헌에 난모, 초모, 초서피호모, 은사모 등의 기록이 있다.

이렇게 볼 때 원 간섭기의 모는 전기에 사용되었던 직물로 만든 일반 쓰개류와 관모로 착용된 모 외에 난모류가 추가되었음을 알 수 있다.

1) 조선시대 쓰개류의 종류

조선시대 여자의 쓰개에는 적관(翟冠), 화관(花冠), 족두리, 너울, 전모, 가리마(加履麼)차액, 쓰개치마, 장옷 천의 남모 등 여러 가지가 있다.

(1) 난모(暖帽) 아얌

방한모로서 아얌, 조바위, 남바위, 풍차, 만선두리, 굴레 등 아얌은 남자의 이엄이 변한 것으로 둘레 운두를 낮추어 귀를 덮지 못하게 하였으며 뒤에 드림이라는 자주댕기에 밀화나 금으로 만든 매미를 군데군데 달아서 장식을 했고 아얌의 둘레는 2~3cm가 되며 검정 털로 선을 둘러서 앞뒤에 술끈이 달려있어 멋과 풍치가 있었다.

| 아얌-국립민속 박물관

(2) 조바위

조바위는 조선 말기 양반층에서 서민까지 널리 사용했으며 윗부분은 트고 뒤는 낭자머리가 보이게 둥근 모양으로 파졌으며 귀와 뺨을 가린다. 겉감은 흑색이나 자색의 사와 단, 안감은 남색, 흑색 등 면으로 만들었으며 이마 위에는 금, 은, 비취, 옥, 자마노, 그밖에 수, 복 등 글자를 새겨 장식하였다고 한다.

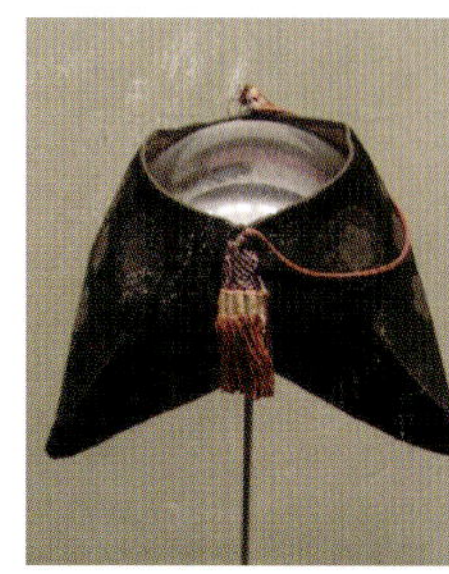

| 조바위

(3) 남바위

남바위는 방한모 중 역사가 가장 오래된 것으로 형태는 귀와 머리 부분을 가리되 머리 위쪽을 열어놓고 이마를 가리며 가장자리에 모피를 대고 뒤를 길게하여 뒷덜미를 덮게 하였다. 남자는 검정색, 여자는 자주나 남색 비단으로 하였다. 남바위는 아이들의 장식적인 쓰개로 돌 때 많이 쓴다하여 돌모자라고도 하였는데, 4~5세까지의 남녀 어린이가 착용했다.(굴레는 춘추용)

| 남바위

| 굴레

(4) 풍차

조선시대 방한용으로 착용한 모자의 하나로 초기에는 양반 계급에서 주로 썼으나 점차 평민화 되었다. 겉은 흑색, 자색, 남색 단을 안은 남색, 초록의 견을 넣어 만들며 가장자리는 흑색이나 밤색의 토끼, 여우의 모피를 두른다.

| 풍차

형태는 남바위와 비슷하며 꼭대기에는 둥글게 공간을 두었고, 귀와 뺨, 턱을 가리는 볼끼를 달아 사용하지 않을 때는 뒤로 제쳐서 끈을 맸다.

남자용은 이 위에 관이나 갓을 쓰며 여자용은 앞뒤에 봉술을 달고 산호, 비취 등으로 장식한다.

| 월하정인(간송미술관)

(5) 쓰개치마

쓰개치마는 치마의 길이보다 30cm 정도 짧고 폭도 좁다.

썼을 때 치마 허리가 얼굴 둘레를 두르고 손에 쥐어질 정도로 짧으며 치마 폭으로 주름을 겹쳐 잡아 쓴 모양이 머리 위로 불룩하게 올라온다. 외출 시 사용하였으며 계절에 따라 겹 또는 솜을 넣어 사용했다.

(6) 너울

조선시대 여인들은 내외법(內外法)에 의하여 외출할 때에는 반드시 쓰개로 얼굴을 가리고 다녔는데 그 하나가 너울이다. 고려시대 몽수의 변형으로 조선시대의 나화립(羅火笠)도 이것을 말한다.

| 전모를 쓴 여인 – 신윤복

(7) 전모

하류층에서 쓰던 것으로 조선조의 풍속도나 유물에서 볼 수 있다. 조선시대 부녀자들이 외출용으로 쓰던 모자이며 한지를 사용하여 만들었다. 모자의 가장자리에는 나비와 꽃무늬 또는 수(壽), 복(福), 부(富), 귀(貴) 등 글자로 장식을 하였다.

대 테두리에 14~16개의 살을 대어 기본형태를 만들고 여기에 한지를 발라 만들었다. 안에는 쓰기에 편하도록 머리에 맞춘 테가 있으며, 그 머리테 양쪽에 색깔이 다른 끈을 달아 턱 밑에서 매면 얼굴이 보이지 않게 된다.

| 연못가의 가야금 – 신윤복

(8) 차액(가리마)

오주연문장전산고에 기녀는 흑갈색의 가리마 의녀(醫女)는 흑단(黑緞)의 가리마를 쓴다고 기록된 것으로 보아 의녀와 기녀의 머리 쓰개였던 것 같다. 너비 65㎝가량의 검은 비단이나 자색 비단을 반으로 접어 두겹으로 한 후 그속에 두꺼운 종이를 배접하여 만드는데 납작한 책갑의 형태이다.

조선시대정조 12년의 가체신금절목에서는 각 궁방의 무수리, 의녀, 침선비, 그리고 각 영읍의 여기(女妓)는 다른 사람과 구별하기 위해 제머리를 머리에 얹고 그 위에 가리마를 쓰게 하되 내의녀는 모단(冒緞)을 사용하고, 나머지는 검은 삼승포를 쓰게 했다.

(9) 장옷

| 여승과 여인 – 신윤복

부녀자들이 외출 시 얼굴을 가리기 위해 사용했으며 조선시대 초기에는 서민 부녀자들만 썼으나 후대에 오면서 양반의 부녀자들도 착용하였다. 형태는 두루마기와 비슷한 것으로 겉은 명주나 목면으로 만들고 안은 자주색으로 하여 수구에는 백한삼을 달았다. 동정 대신 넓적한 흰색 헝겊을 대여 이마 위 정수리에 달도록 되어 있다.

| 장옷

(10) 천의(薦衣 : 처네)

지방에서는 장옷을 천의라고 하였으나 장옷과 천의는 그 형태가 다르다. 천의는 장옷보다 길이가 짧고 소매가 없으며 다홍색에다 연두색 안을 넣고 솜을 둔 앞치마와 비슷한 것으로 하급 부녀자들이 썼다. 서북 지방에서는 겨울에 천의와 같은 포대기를 썼는데, 겨울 외에는 얼굴을 다 가릴 수 있는 갈대로 만든 커다란 삿갓을 쓰고 다니기도 했다.

06 조선시대 남자의 관모

1. 관(冠)

1) 금관

| 금관

조선시대 금관의 모양은 원통형으로, 관 전면의 머리둘레 부분과 후면 전체에 당초 무늬를 두었으되, 여기에 이금(泥金)을 하고 나머지는 흑색이었다. 목잠(木簪)이라는 관을 가로지르는 비녀가 있어 그 목잠에도 이금을 칠하였는데, 이에서 금관이라는 명칭을 얻게 된 것으로 보이며, 이를 조복과 함께 화려하게 꾸밈으로써 위의(威儀)를 갖도록 하였다. 양관에 있어 금관과 제관에는 차이가 있는데, 제복에 있어서 제관은 경건의 뜻을 표시하여 당초 모양문의 전면 소부분과 목잠의 구멍 둘레만을 금칠하고, 그 외는 전부 흑색으로 칠하였다는 점이다. 관(冠)의 앞면 둘레는 너비가 그다지 넓지 않으나, 뒷면 둘레는 위로 치솟아 두 개의 작은 각을 이루게 하였으며, 또한 앞면 둘레의 가운데부분에서부터 치켜 올라간 뒷면 둘레의 가운데 부분에 이르기까지 반월형의 면지(面紙)를 장식하였다. 이 면지에는 밑에서 꼭대기에 이르기까지 흑색사로 종선(縱線)을 베풀어 이를 양(梁)이라 하였다. 양의 수는 품위(品位)의 상하를 구별하는 방법으로, 경축대사 정조(慶祝大事 正朝), 동지(冬至), 성절(聖節) 등에 착용하는데, 관등에 따라 양관(梁冠), 후수(後綬), 대(帶), 패왕(佩王), 홀(笏) 등의 부속물로써 차등을 두었다. 이 방법은 고종이 명의 제도와 같은 황제에 올라 이등체강의 원칙을 고쳐 명의 제도와 일시 같아졌었다. 그러나 이후 1900년, 문관 대례복 제식을 구미식 관복으로 바꿈에 따라, 이 금관도 조복과 함께 사라지게 되었다.

2) 면류관(冕旒冠)

면류관의 모자 위엔 긴 판이 있고 앞뒤로 구슬을 꿴 줄이 달렸는데, 이 줄을 유라고 한다.

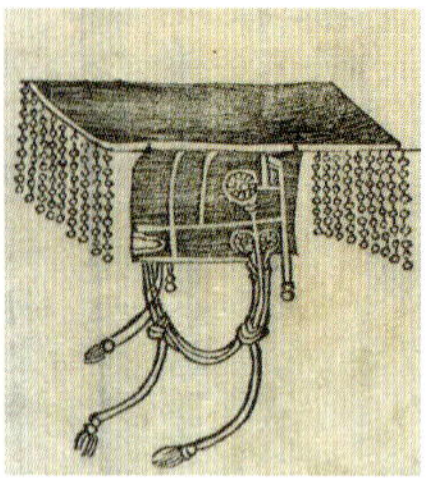
| 면류관

왕은 아홉 줄, 왕세자는 여덟 줄을 단다. 그런데 구한말에 고종이 대한제국을 선포하고 황제가 되면서 유가 열두 줄로 바뀌었다. 행사 때 쓰는 모자인 만큼 많은 의미가 숨어 있으며, 유에는 왕의 시야를 가려 악을 보지 말라는 의미, 면류관 양옆에 달린 작은 솜뭉치는 귀를 막아 나쁜 말을 듣지 말라는 뜻이 있다.

3) 제관

제관으로 쓰는 양관은 조복을 입을 때 쓰는 금관과 형태가 똑같은 양관이다. 그러나 금관과의 차이는 금관처럼 아래쪽에 당초문이 있는 부분과 목잠을 전부 금칠하지 않고 다만 당초문의 앞면의 일부분과 구멍의 둘레에만 간단히 도금하고 그 외의 부분은 그대로 흑색으로 두는 것이다. 각 품계에 따라 양관의 양수는 조복의 금관과 같다.

4) 사모관

《경국대전》에 보면 상복에 사모를 쓰는 것은 1품에서 9품까지 동일하나 사모에 딸린 관자와 입영은 품계에 따라 차이가 있다. 1품은 관자의 입영은 금옥으로 하고 입식은 은을, 대군은 금을 사용한다. 2품과 정3품 당상관의 관자, 입영은 금옥, 입식은 은을 사용한다.

| 사모관

사모는 조선 초기에는 모체가 낮고 양각으로 밑에 처졌는데 중기에는 모체가 높아지고 양각은 수평으로 폭이 넓어졌다. 후기에는 모체가 더욱 높아지고 평각으로 폭이 넓으며 말기에는 모체가 낮아지고 평각으로 폭이 넓다.

| 정자관

5) 정자관

정자관은 조선시대 중기에 사대부나 유생들이 평상시 집에서 거처할 때 도포, 창의와 함께 널리 착용하였다. 이 정자관은 학자다운 풍모를 보여주는 대표적인 관이다.

6) 동파관

동파관은 중국 송나라 때 문인인 소식이 만들었다고 전해지는 관으로 그의 호인 동파에서 동파관이라 이름을 지었는데 정자관과 비슷하다. 한가운데 관이 서 있고 그 좌우에 말총으로 된 작은 관식이 있다.

7) 와룡관

와룡관은 조선시대 사대부들이 평상시 집에 거처할 때에 쓰던 관으로 중국 삼국시대 제갈량이 즐겨 썼다고 한다.

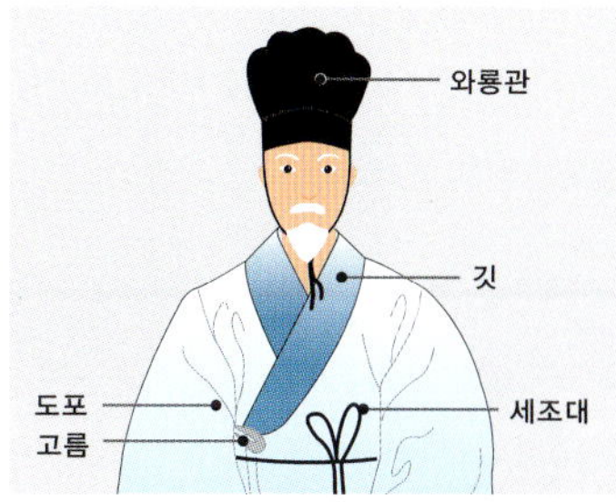

8) 상투관(常套冠)

남자들의 상투머리에 쓰던 관이며 망건을 쓴 다음 그 위에 썼으며 작은 비녀를 꽂아 고정했으며 주로 왕과 사대부 집안에서 사용했으며 서민층이나 머리숱이 적은 노인들이 사용한 관은 종이나 베로 만드는게 일반적이다.

상투관은 상투가 들어갈 만한 크기의 작은 관이다.

| 상투관

| 상투관

| 상투관 통

9) 충정관

충정관은 《삼재도회》의 기록에 의하면 충정관이라고 하여 명나라 세종이 조관 평복에 착용하기 위하여 만든 것이라고 하였으며 조선시대 사인들이 평상시에 썼다.

2. 입(笠)

1) 전립(戰笠)

포졸들이 쓴 조선시대 철모, 검은색 벙거지가 전립이다. 적이 쏘는 화살로부터 얼굴을 보호하는 기능이며 품계가 높은 무관은 공작새 깃털이나 금으로 장식을 달기도 했으며 무관들의 전립은 주로 값싼 돼지털로 만드는게 일반적이며 융복과 군복 착용 시 쓰는 관모이다.

2) 흑립(黑笠)

본래는 흑립, 검은 갓이며 옻칠을 했다는 뜻에서 칠립(漆笠)이라 부르기도 한다. 외출용으로 사대부들이 가장 아끼고 사랑하던 모자이며 왕인 중종 때부터는 모자 높이가 높아지고 모자챙은 좁아졌으며 임진왜란이 끝나면서부터는 모자의 높이가 더 올라가고 챙도 넓어졌으며 순조 때는 우산처럼 앉은 사람을 완전히 덮을 정도로 커졌다.

홍선대원군이 작은 갓으로 개량했다.

3) 백립(白笠)

흰색 갓이다. 조선시대엔 평상시에도 썼지만 점차 국상(國喪) 때만 쓰게 됐다. 대나무로 엮은 갓에 흰색 천을 둘러 만든다.

4) 초립

가는 풀이나 대나무로 만든 갓이다. 선비나 서인이 구별 없이 사용하였고, 곱고 거침으로 신분을 구별하였다.

3. 건(巾)

1) 망건(網巾)

망건은 조선시대 성인 남자가 상투를 틀 때 머리카락을 위로 걷어 올리기 위하여 이마에 썼던 건이다. 말총을 직사각형으로 엮어 만든 윗부분을 당이라고 하고, 아랫부분을 편자라 하며 망건에 달아 상투에 동여매는 줄을 당줄이라고 한다. 편자의 귀 뒤에 관자를 달고 좌우 당줄을 맞바꾸어 관자에 꿰어 뒤로 가져다 엇걸어 매고 두 끝을 가져와 동여맨다. 망건의 맨 위에 갓이나 관을 쓰며 관자의 재료로서 품계를 구별한다. 후대에 와서 전면 중앙에 두 끝을 앞으로 가져와 동여맨다.

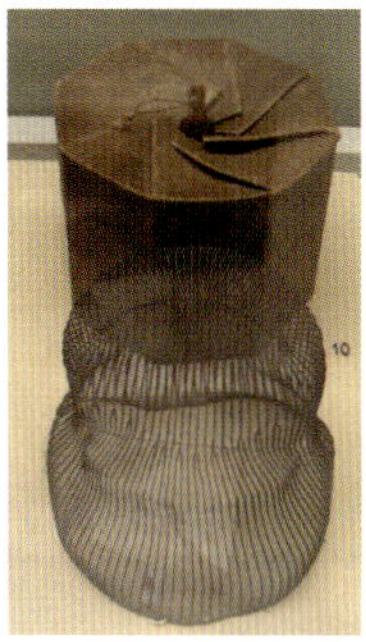

| 망건집, 상투관

망건은 그물모양과 닮았다는 뜻에서 망건이라 이름을 붙였으며 사람의 머리카락과 코끼리 꼬리털로 만들기도 하였으며 중국의 유래는 망건은 명나라를 세운 주원장이 몽고족의 풍습을 없애기 위해 만들었다고 한다.

| 망건 - 조선

2) 탕건(宕巾)

탕건은 조선시대 사인들이 사용하던 건의 일종으로 평상시 망건의 덮개로 쓰거나 외출시 갓 아래에 받쳐 썼다. 말총을 엮어서 만드는데 뒤가 높고 앞이 낮게 턱이 져 있으며 탕건의 윗부분은 반원형으로 평평하다.

| 탕건

탕건은 망건위에 쓰이는 모자로 망건을 덮어주고 갓의 모양을 잡아주는 역할을 하며 탕건은 벼슬아치만 썼기 때문에 '감투쓴다' 가 '벼슬에 오르다' 라는 뜻으로 쓰이게 됐다고 한다.

3) 갓

갓은 가늘게 도린 대나무로 양태와 서로 맞붙여 엮고 그 외에 포, 사, 마렵, 우미 등을 넣어 싸고 궤에 검은 옻칠을 한 검정 갓을 칠립 또는 흑립이라고 한다. 입체는 정죽과 평죽, 모와 첨으로 되어 있는데 시대에 따라 모의 고저, 양태의 좁고 넓음의 변화가 있다. 입영과 입식으로서 신분 차를 나타내었다.

| 갓

4) 동곳

상투 고정핀

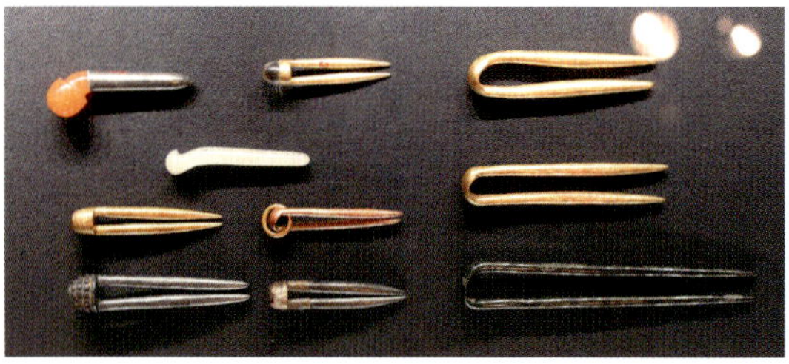

| 동곳

4. 남자복식

• 입신양명(立身揚名)

조선시대의 남자들이 과거에 급제하면 《경국대전(經國大典)》에 정해진 품계에 따라 관복을 입었다. 관복은 제복(祭服), 조복(朝服), 공복(公服), 상복(喪服) 등으로 나뉘는데 의례의 종류에 따라 달리하여 입었다. 단령(團領)은 조선시대 문무백관의 기본적인 관복의 하나이며 남자들의 혼례복으로 사용되었다. 고려말 우왕12년(1386)에 정몽주(鄭夢周)가 명나라에 가서 관복을 청한 후 명의 영향을 받은 사모(紗帽)와 단령, 품대(品帶), 흑화(黑靴)를 착용하는 단령 제도를 사용하기 시작했다. 그 제도는 조선으로 이어졌으나 임진왜란 이후 그 제도가 지켜지지 않았으며, 개화기까지 많은 논의와 변화를 거치게 된다.

조복(朝服)은 금관조복(金冠朝服)이라고도 한다. 왕실에서 큰 경축일이나 조칙을 발표할 때 사용한다.

| 무관복

• 무관

무관은 병서(兵書)와 활쏘기 등 무예 기술을 시험하는 무과시험 출신의 관리를 말한다.

무관은 법제상으로 문관과 동등하였지만, 무관은 정3품 절충장군(折衝將軍)까지만 올라 갈 수 있어서 이들의 우두머리는 모두 문관을 겸직하였다.

무관직은 비록 문관직에 비해 차별을 받기는 했지만, 임진왜란 이후 매년 실시되는 무과시험과 완화된 응시 자격 등으로 하층민에게 신분 상승의 기회를 제공하였다.

• 유교의 이상을 담다 – 심의

| 심의

심의(深衣)는 고려시대 말에 주자학의 전래로 유학자들이 주로 입었던 옷이다. 양반층에서는 평상복으로도 착용하였다. 조선시대의 심의는 단순한 옷이 아니라 유학에 이어서 상징적인 의미를 가지고 있었다. 심의제도를 이해함에 있어서 유학의 계통이 따라 큰 견해 차이가 있었기 때문에 성리학자들 간에 많은 논란이 있기도 했다. 심의의 각 부분에는 철학적 의미가 담겨 있는데, 구성은 시대와 학통에 따라 조금씩 달라진다. 상의와 하의가 나뉜 것은 각각 하늘과 땅을 뜻한다. 12폭으로 나뉜 하의는 1년 4계절이 12달로 구현된다는 것을 의미하며, 검은 선을 두른 것은 부모에 대한 공경을 뜻한다. 허리띠에는 다섯 가지 색의 끈을 묶어 늘어뜨리고, 머리에는 복건을 착용한다.

• 중치막(中致莫) – 조선 12～18세기

| 중치막

임진왜란 이후에 왕 이하 서민에 이르기까지 두루 입었던 옷으로, 사대부들은 관복 아래 받쳐 입거나 외출복으로 입었다. 겨드랑이부터 옆이 트여 있어 안쪽 옷이 보이며, 깃은 곧고 소매는 넓다.

| 홍룡포

| 단령

| 관복

| 영조대왕의 도포

| 안경 – 조선

| 안경집

| 술띠

실기 편

[1] 실기를 위한 기본 재료

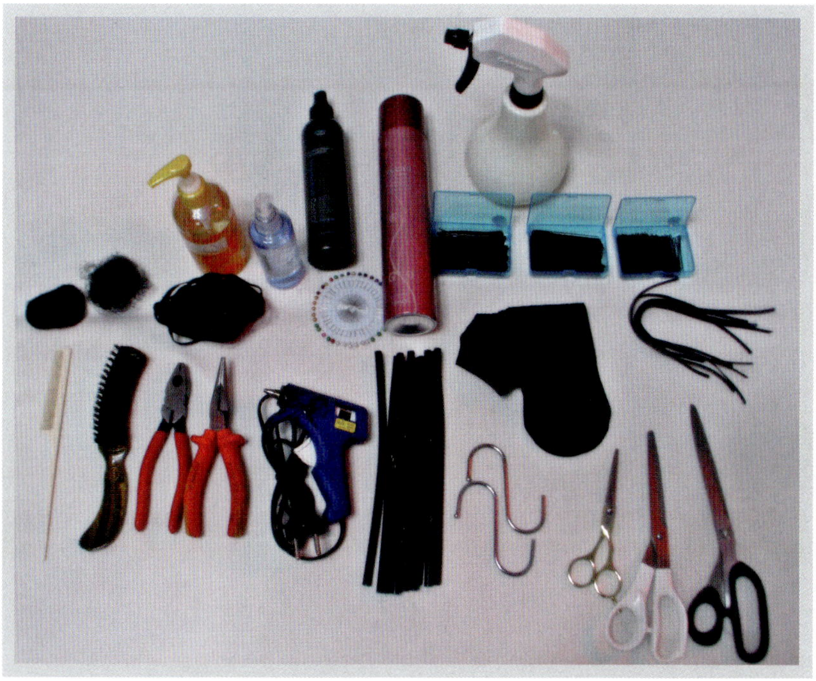

① 분무기 ② 꼬리빗 ③ 스프레이 ④ 에센스 ⑤ 돈모 브러시
⑥ 고무줄 ⑦ 머리망 ⑧ S자고리 ⑨ 가위 ⑩ 실리콘총
⑪ 실리콘 ⑫ 니퍼 ⑬ 시침핀 ⑭ 유핀, 일자대핀, 실핀

[2] 가체 다루기

(1) 가체 세 가닥 땋기

1

2

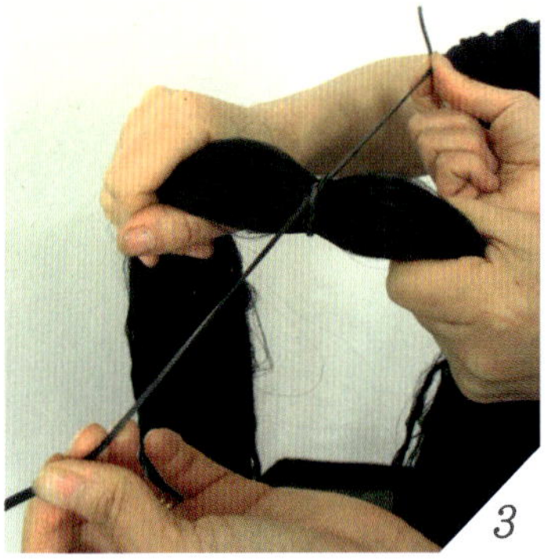
3

4

5

6

7

8

9

10

(2) 가체 꼬기

1

2

3

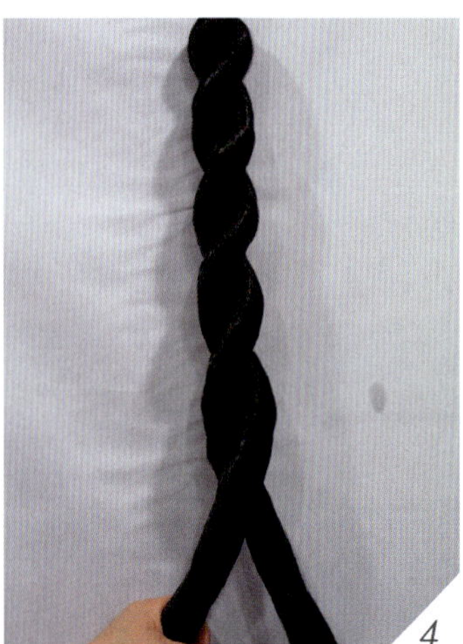
4

5

6

7

8

01 땋은머리

(1) 옛날 모습

| 사시장춘 – 작자 미상

| 삼추가연(간송미술관)

(2) 완성

(3) 실습 과정

1

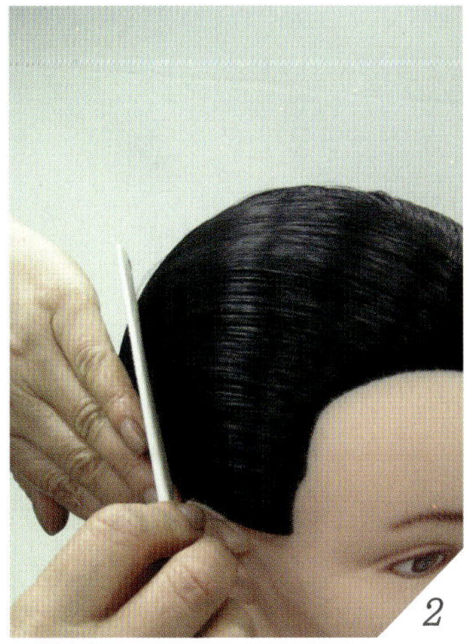
2

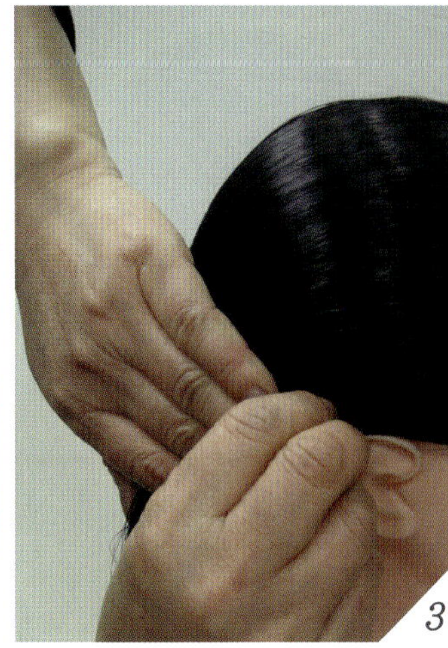
3

① 에센스와 분무를 사용하여 곱게 빗어내린다.
② 가운데 가르마를 타서 귀 뒤로 둥글게 빗는다.
③ 귀 뒤쪽에 실핀으로 고정시킨다.

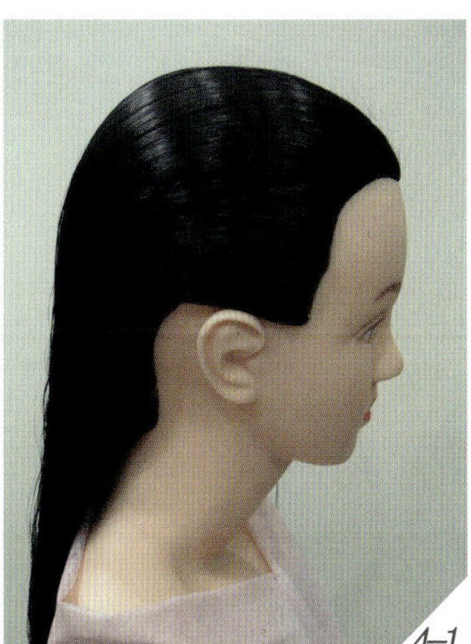
4-1

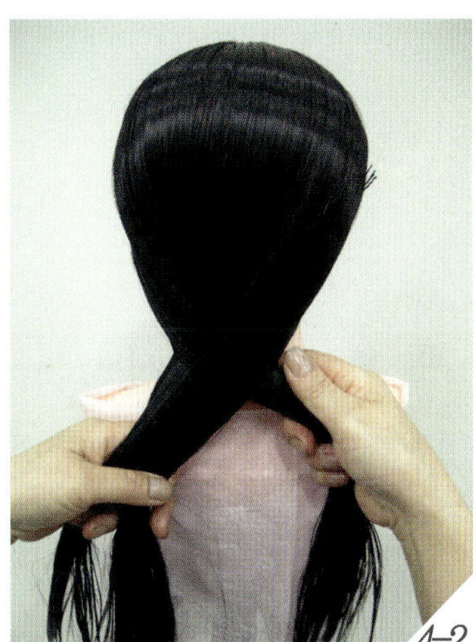
4-2

4-3

④ 빗어 놓은 머리를 세 가닥으로 나누어 땋는다.

5-1

5-2

5-3

⑤ 세 가닥으로 땋은 머리끝을 고무줄로 묶어준다.

6

7-1

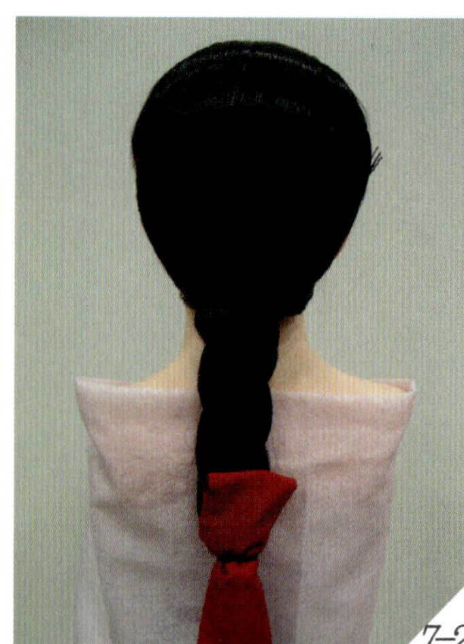
7-2

⑥ 묶은 머리를 중심으로 댕기를 반으로 접는다.

⑦ 고무줄 묶은 부위에 작은 고무줄로 연결한다.

8-1

8-2

⑧ 묶은 댕기를 반으로 접어 완성한다.

02 쪽머리

(1) 옛날 모습

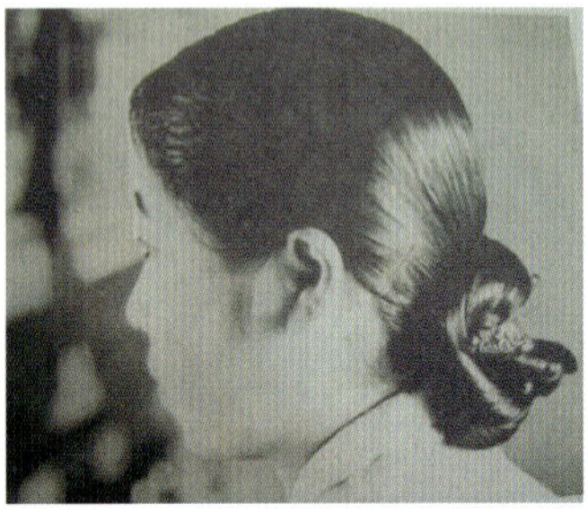

| 쪽머리

| 1890년대 사진

(2) 완성

(3) 재료

① 가체 ② 댕기 ③ 비녀
④ 액세서리 ⑤ 머리망

(4) 실습 과정

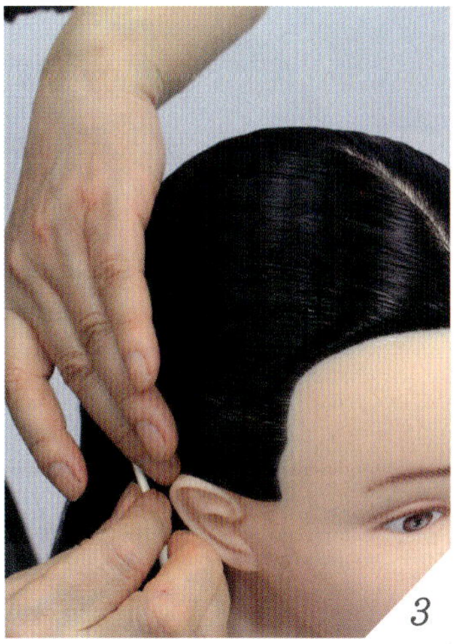

① 가운데 가르마를 타서 빗는다.
② 낮은 각도로 빗질하여 곱게 뒤로 빗는다.
③ 뒷부분으로 빗질을 한 상태이다.

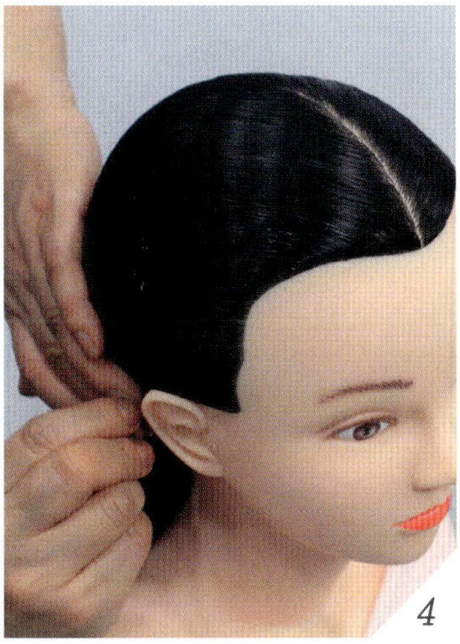

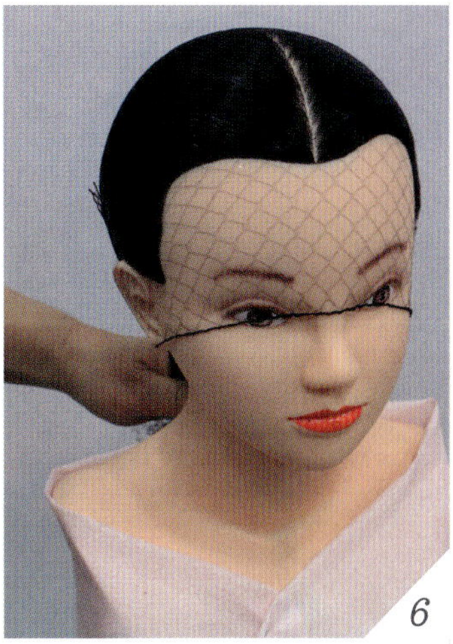

④ 빗은 모발을 목 뒤 중앙으로 잡는다.
⑤ 중앙으로 모은 모발을 고무줄로 묶는다.
⑥ 망을 씌워 목 뒤 지점에 묶는다.

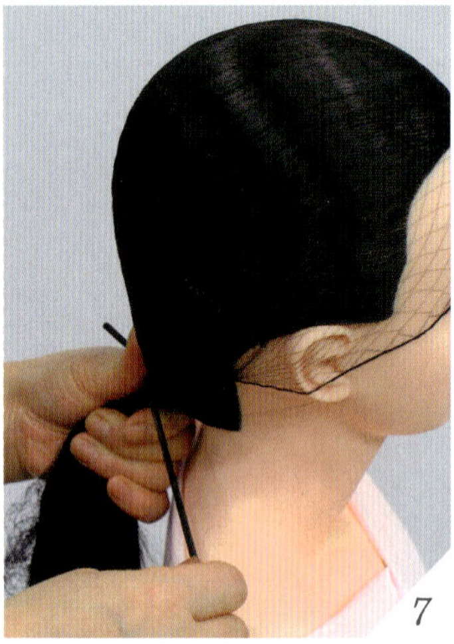
7

8

9

⑦ 뒤쪽에 묶는 부분을 두 갈래로 나눈다.
⑧ 두 갈래로 나눈 머리를 세 가닥 땋기로 한다.
⑨ 끝 부분을 가지런히 모아 망으로 처리한다.

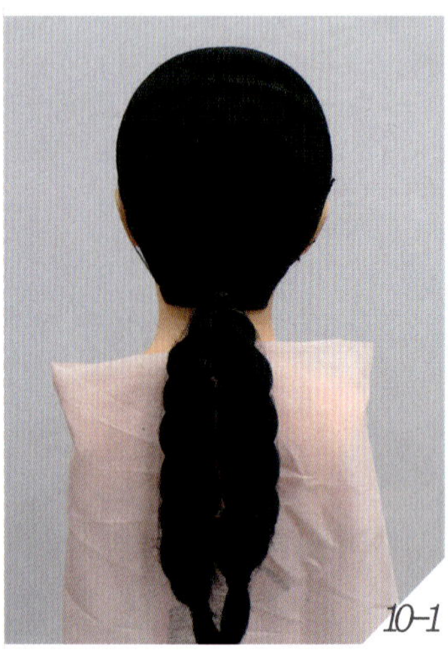
10-1
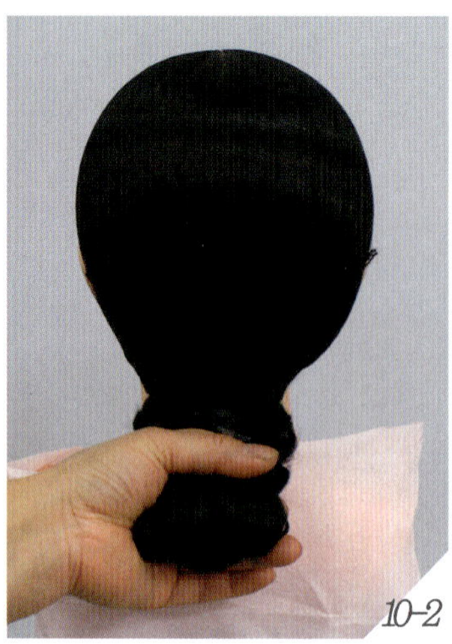
10-2
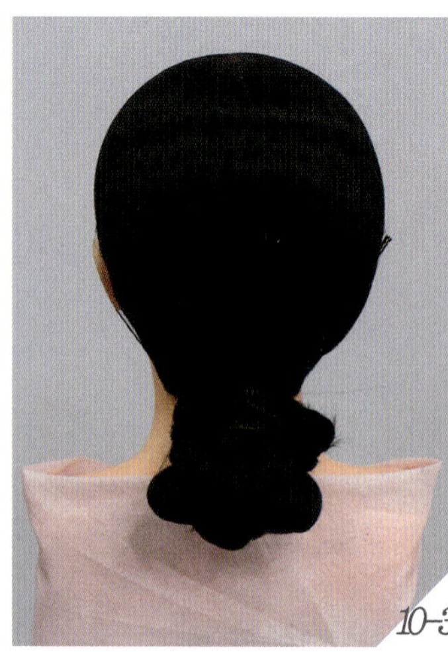
10-3

⑩ 땋은머리를 둥글게 안쪽으로 말아준다.

⑪ 둥글게 말은 상태에서 고무줄로 묶어 기둥을 만든다.
⑫ 묶은 머리에 가체를 달아 묶어준다.
⑬ 가체 끝에 댕기를 달고 중앙에 고무줄로 묶어준다.

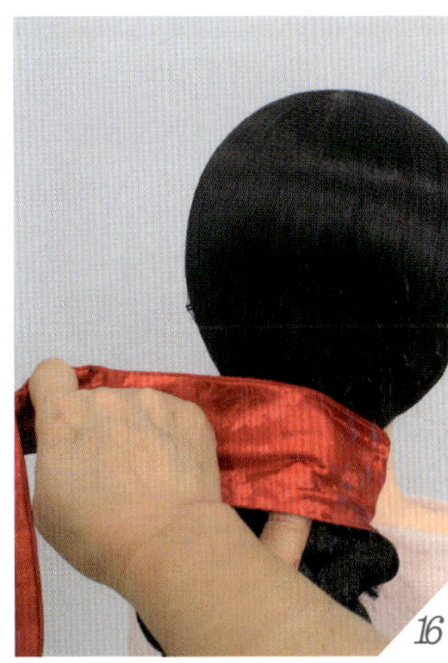

⑭ 묶은 댕기를 반으로 접는다.
⑮ 땋아서 연결된 가체를 둥글게 1바퀴 손바닥에 올려준다.
⑯ 왼손으로 묶은 기둥을 오른손으로 댕기를 감싸준다.

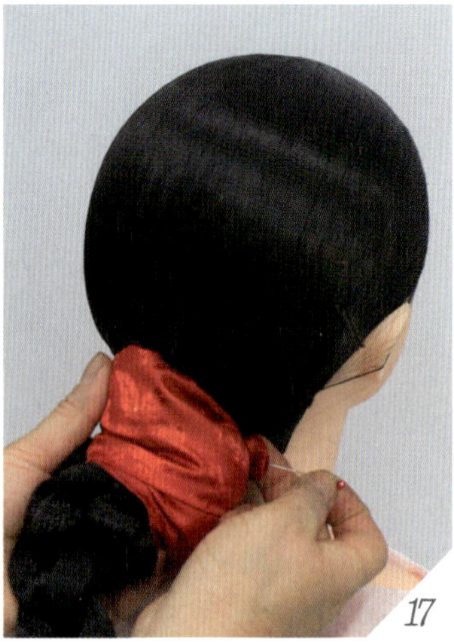

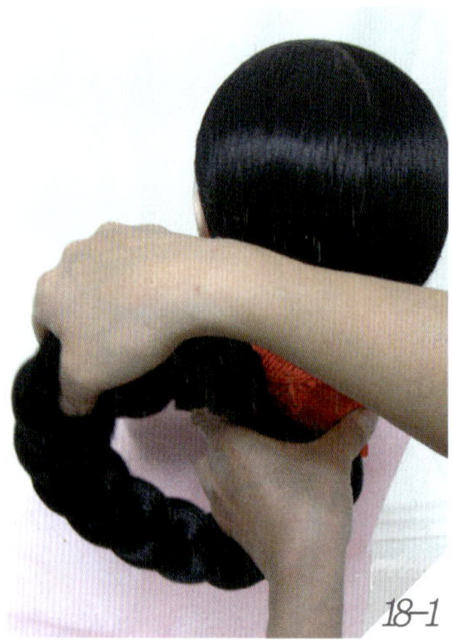

⑰ 댕기 끝을 풀리지 않도록 시침핀을 꽂는다.

⑱ 왼손은 기둥을 잡고 오른손으로 가체 중앙을 잡아 오른쪽으로 보내준다.

⑲ 오른쪽으로 가져온 달비로 쪽의 형태를 만든다.

⑳ 비녀는 수평이 되게 쪽의 중앙에 꽂아준다.

21-1

21-2

21-3

㉑ 뒤꽂이로 장식한다.

03 새앙머리

(1) 옛날 모습

| 문관부인 시녀

(2) 완성

(3) 재료

① 가체 ② 댕기

(4) 실습 과정

1-1

1-2

1-3

① 가운데 가르마를 타서 빗으로 곱게 뒤로 빗는다.

2-1

2-2

2-3

② 뒤로 빗은 머리를 고무줄로 묶은 후 망으로 감싼다.

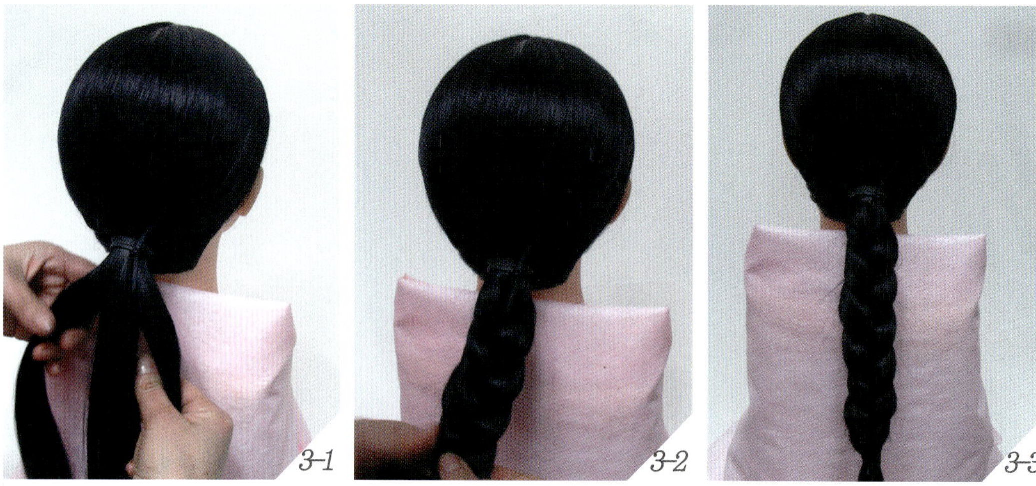

③ 묶은 머리를 세 가닥으로 나누어 땋는다.

④ 가체 끝 부분을 망으로 처리한 후 마무리한다.

5-1

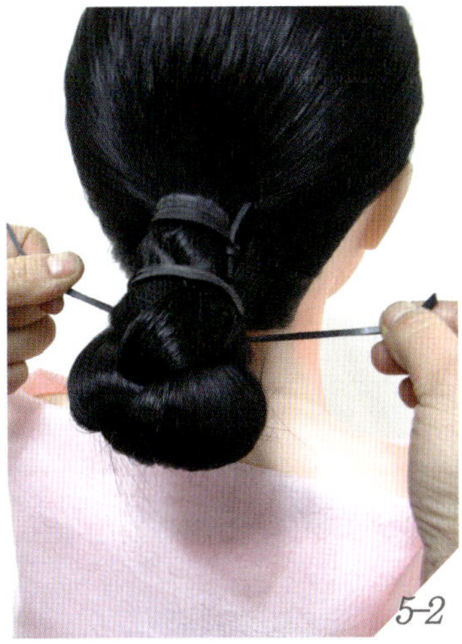
5-2

5-3

⑤ 가체를 세 번 접어 고무줄로 묶어준다.

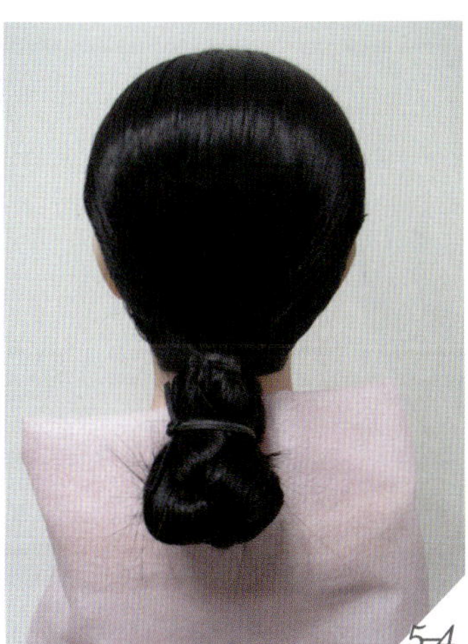
5-4

6-1

6-2

⑥ 새앙머리를 만들기 위한 가체의 양쪽 끝을 가운데로 접어 중간지점에 묶어준다.

6-3

7-1

7-2

⑦ 5-4에 가체를 묶는다.

8-1

8-2

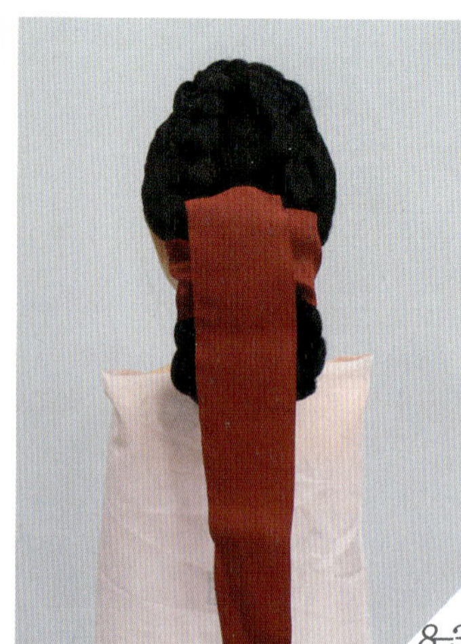
8-3

⑧ 댕기를 달아 묶어준다.

04 첩지머리

(1) 옛날 모습

| 순종장 – 1800년대

| 순정효 왕후 – 한국문화 콘텐츠 진흥원

(2) 완성

(3) 재료

① 가체 ② 댕기 ③ 비녀
④ 첩지

(4) 실습 과정

① 가운데 가르마를 타서 곱게 뒤로 빗는다.

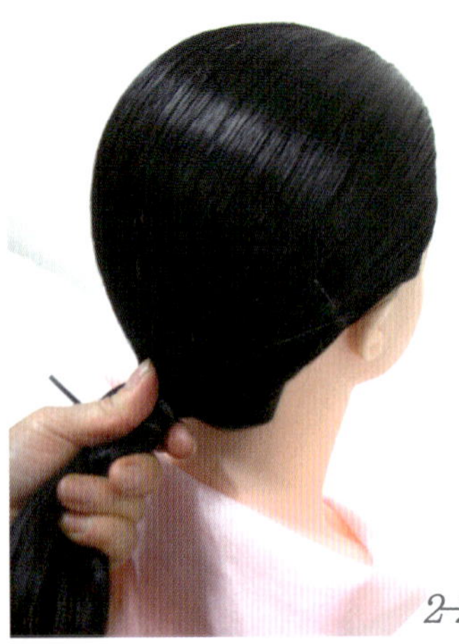

② 곱게 빗은 머리를 목 뒤로 묶은 다음 이마 위로 망을 씌운다.

3-1

3-2

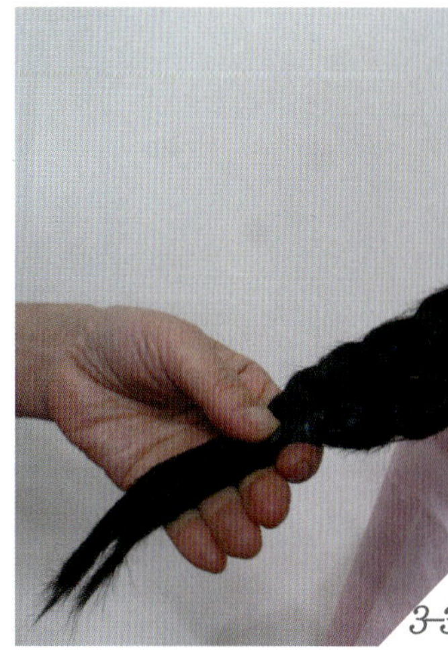
3-3

③ 뒤쪽에 묶은 머리를 두 갈래로 나누어 세 가닥으로 땋아 끝 부분을 망으로 처리 한다.

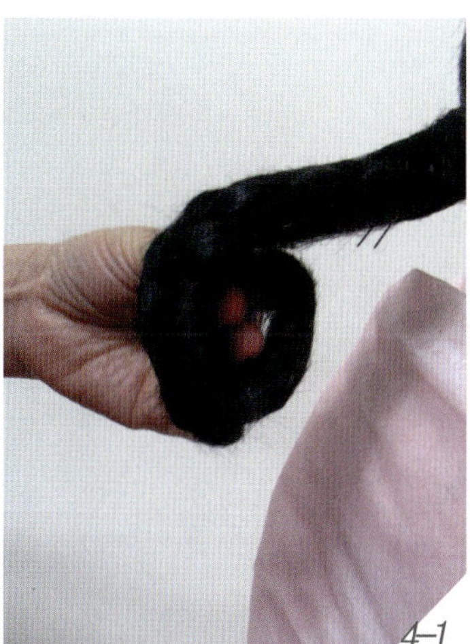
4-1

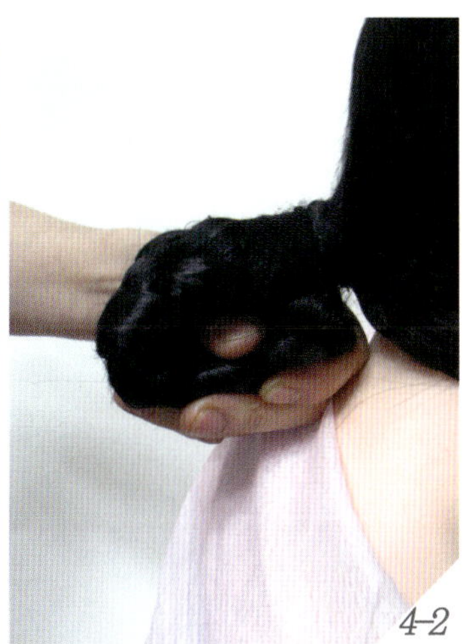
4-2

4-3

④ 둥글게 세 번 접어 고무줄로 묶어준다.

⑤ 묶은 머리에 가체를 얹어놓은 후 고무줄로 연결하여 묶는다.

⑥ 가체 끝 부분에 댕기를 달고 중앙을 고무줄로 묶어준다.
묶은 댕기를 반으로 접는다.

⑦ 연결한 가체를 손바닥 위로 둥글게 1바퀴 감아 올려 왼손 등이 보이게 하고 가체 끝 부분을 묶음 밑에 고정하여 준다.

⑧ 왼손으로 묶은 기둥을 잡고 오른손으로 댕기를 돌려 시침핀을 꽂는다.

9-1

9-2

10-1

⑨ 오른손으로 왼쪽에 있는 가체를 오른쪽으로 가져와 쪽의 형태를 만든다.

⑩ 비녀를 수평이 되게 꽂은 후 뒤꽂이를 꽂는다.

10-2

11

12

⑪ 수평이 되게 비녀를 꽂은 후 첩지를 가르마 2㎝ 위에 놓고 양옆을 실핀으로 고정한다. 귀 뒤 옆으로 실핀을 고정한 후 남은 첩지 끝을 묶어 쪽 뒤로 넣어 유핀으로 고정한다.

⑫ 뒤꽂이를 꽂아 장식한다.

05 둘레머리

(1) 옛날 모습

| 강릉 신사임당 박물관

(2) 완성

(3) 재료

① 가체 ② 댕기

(4) 실습 과정

1-1

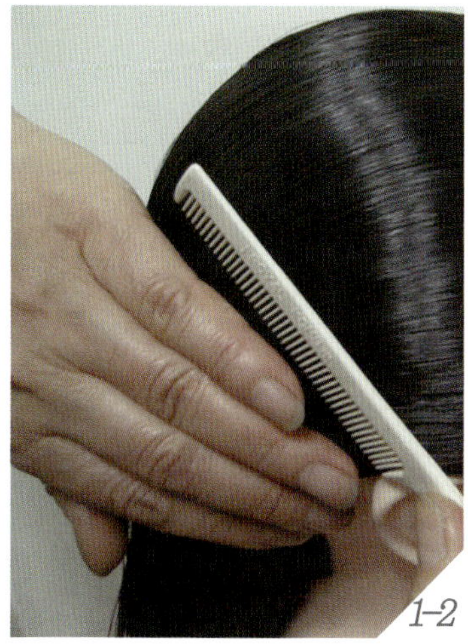
1-2

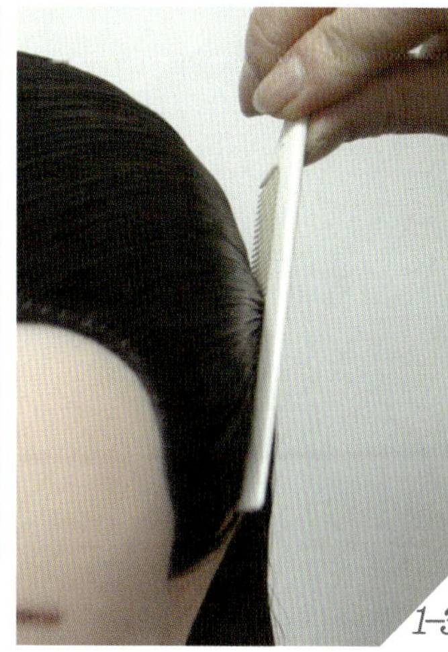
1-3

① 가운데 가르마를 타서 곱게 빗는다.
② 가르마를 중심으로 둥글게 빗어준다.

3-1

3-2

3-3

③ 목 뒤 지점을 중심으로 뒤로 묶어준다.

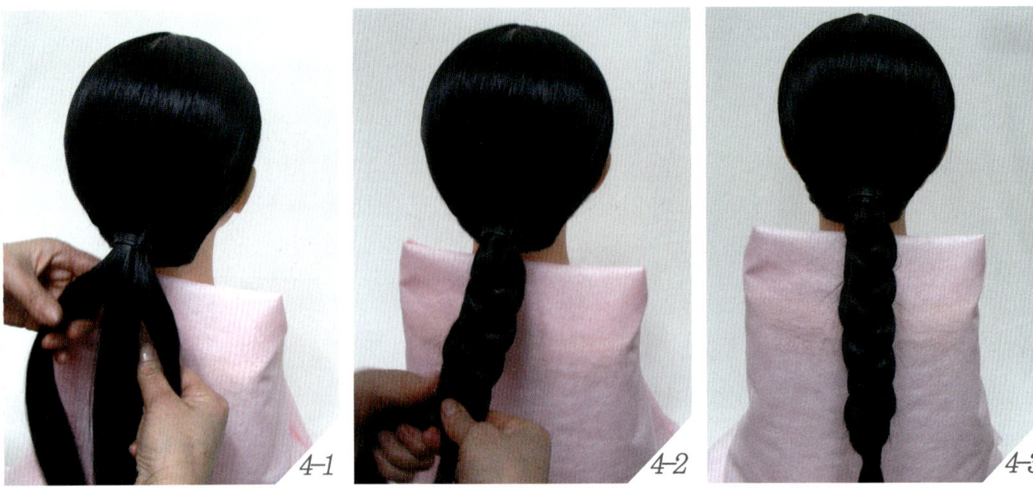

④ 묶은 머리를 세 가닥으로 나누어 땋아준다.

⑤ 땋은 머리끝을 망으로 감싸준다.

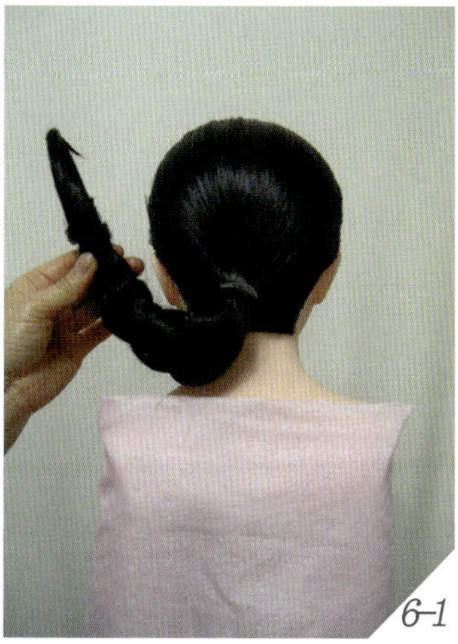
6-1

6-2

6-3

⑥ 땋은 머리를 목 뒤가 중심이 될 수 있도록 말아준다.

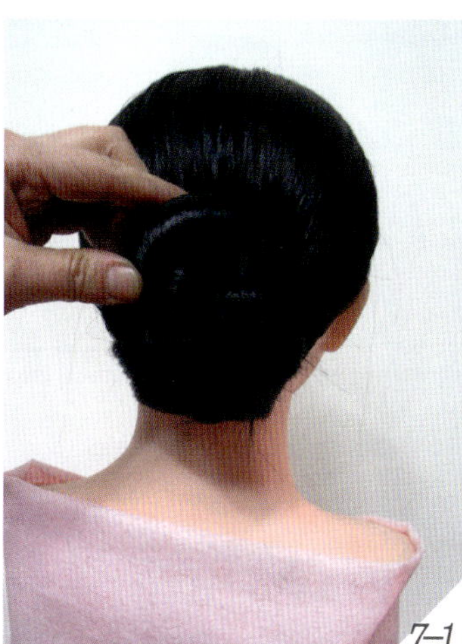
7-1

7-2

7-3

⑦ 둥글게 말은 머리를 유핀으로 고정한다.

8-1

8-2

8-3

⑧ 말아준 머리에 망을 씌워 깔끔하게 유핀으로 고정한다.

9

10

11

⑨ 큰 가체를 고리로 만들어 준다.
⑩ 가르마 중심 부위에 고리를 만든 가체를 얹어준다.
⑪ 가체 양쪽 끝을 목 뒤 묶음머리 밑 부분에 연결하여 준다.

12-1

12-2

12-3

⑫ 작은 가체로 쪽의 형태를 만든다.

13-1

13-2

14

⑬ 나무 비녀를 꽂는다.

⑭ 왼쪽 가체에 댕기를 달아준다.

15-1

15-2

⑮ 댕기를 교차하여 시침핀으로 고정, 장식한다.

06

어여머리

(1) 옛날 모습

| 정경부인 어여머리

| 영친왕의 비 이방자 여사가 어여머리를 하고 궁중 입궐하는 모습

(2) 완성

(3) 재료

① 쪽댕기 ② 큰 가체 2개
③ 비녀 ④ 떨잠
⑤ 어염족두리 ⑥ 댕기 ⑦ 꽂이

(4) 실습 과정

1-1

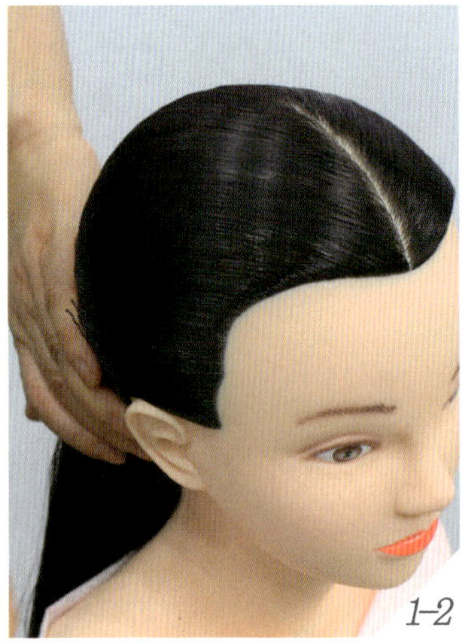
1-2

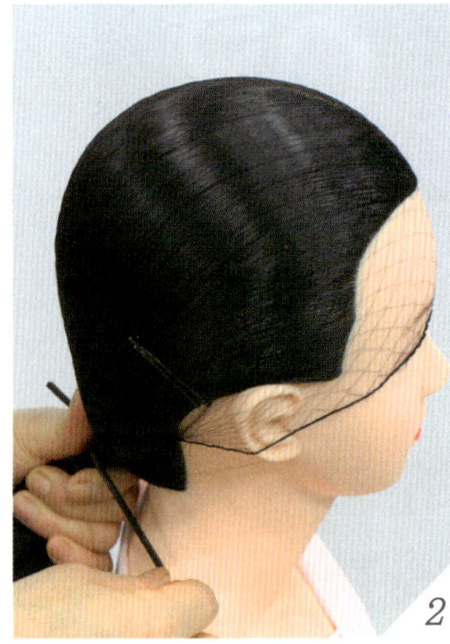
2

① 가운데 가르마를 타서 빗으로 곱게 뒤로 빗는다.
② 곱게 빗은 머리를 목 뒤로 묶어 이마 위로 망을 씌운다.

3

4

5

③ 뒤쪽에 묶는 부분을 두 갈래로 나누어 세 가닥으로 땋은 끝 부분을 망으로 처리한다.
④ 둥글게 세 번 접어 고무줄로 묶은 뒤 가체를 연결한다.
⑤ 연결한 가체 끝에 댕기를 달아준다.

6-1

6-2

7-1

⑥ 댕기로 묶음을 감싸준다.

⑦ 쪽을 만들어 준다.

7-2

8-1

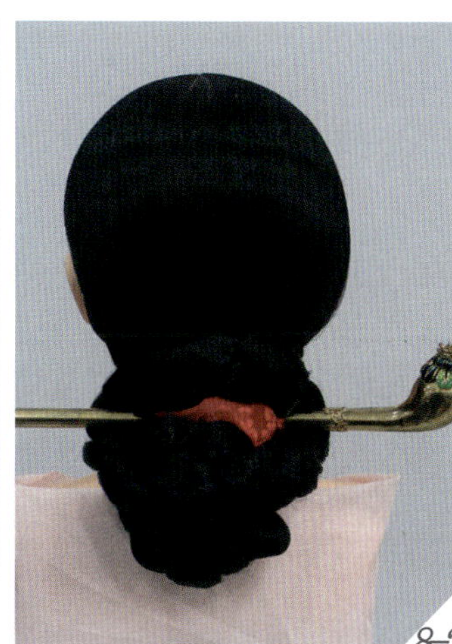
8-2

⑧ 쪽에 비녀를 꽂아준다.

⑨ 가르마 중앙에 실핀을 꽂는다. 실핀을 중심으로 어염족두리를 얹는다.

⑩ 첫 번째 가체를 어염족두리의 중심이 되게 얹는다.

⑪ 두 번째 가체를 얹은 후 어염족두리 끈을 연결하여 묶는다.

⑫ 속비녀를 꽂아서 고정한다.

13-1

13-2

14

⑬ 비녀를 꽂아서 고정한다.

⑭ 떨잠과 꽂이를 꽂아 장식한다.

07 가체머리

(1) 옛날 모습

| 정변야화 - 신윤복

| 빨래터 - 김홍도

(2) 완성

(3) 재료

① 가체 ② 속 가체 ③ 댕기
④ 비녀 ⑤ 꽂이

(4) 실습 과정

1-1

1-2

1-3

① 가운데 가르마를 타서 빗으로 곱게 뒤로 빗는다.

2-1

2-2

3

② 뒷목 중앙으로 빗은 머리를 고무줄로 묶는다.

③ 앞쪽으로 망을 씌어준다.

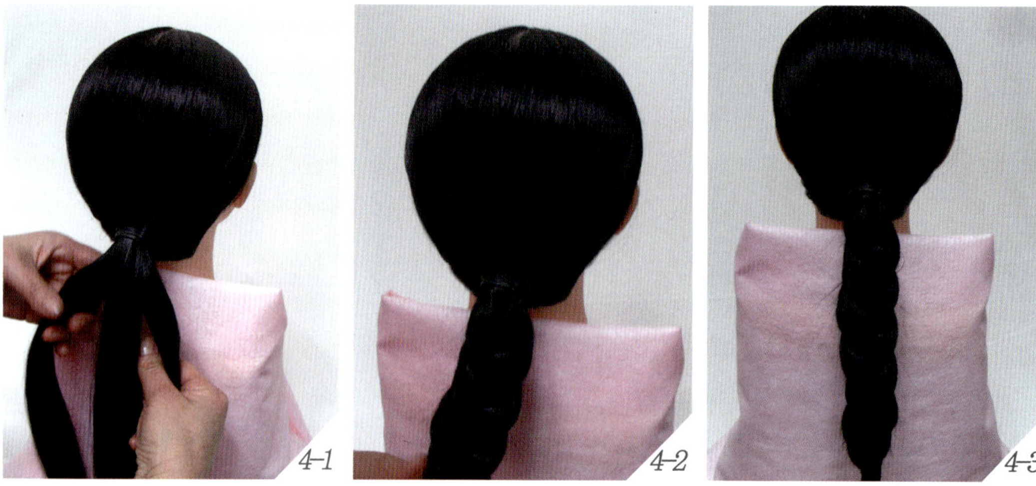

④ 묶은 머리를 세 가닥으로 나누어 땋는다.

⑤ 가체 끝 부분을 망으로 처리한 후 마무리한다.

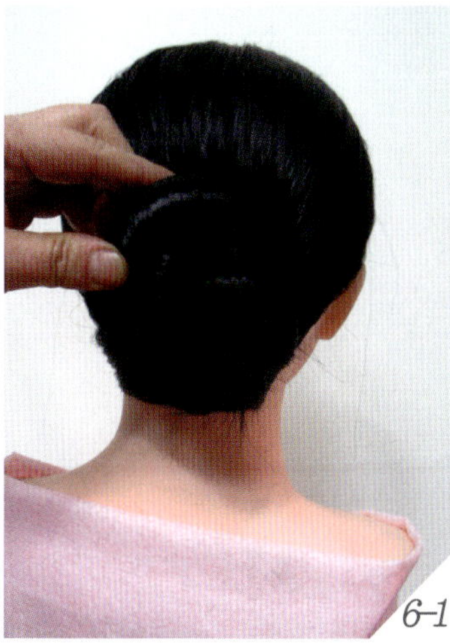
6-1

6-2

6-3

⑥ 땋은머리를 목 뒷부분에 기둥으로 둥글게 말아 유핀으로 고정한다.

7-1

7-2

7-3

⑦ 말아준 머리에 망을 씌워 깔끔하게 유핀으로 고정한다.

8-1

8-2

8-3

⑧ 망을 보이지 않게 유핀으로 고정한다.

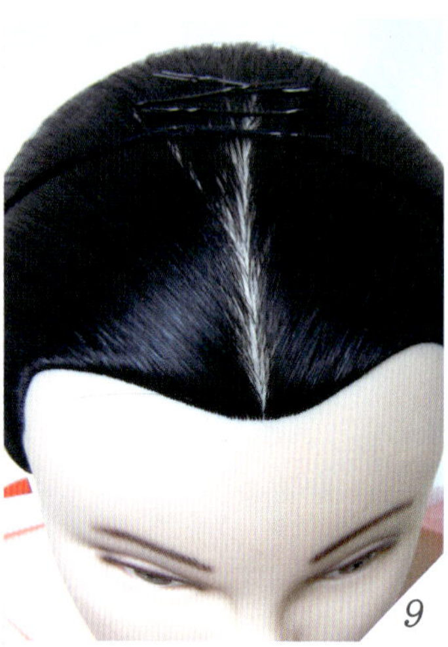

9

10

11

⑨ 가르마를 중심으로 실핀을 꽂아준다.

⑩ 실핀을 중심으로 속 가체를 얹는다.

⑪ 목 중심으로 정수리에서 가체를 교체하여 연결한다.

12-1

12-2

13

⑫ 큰 가체를 연결하여 속 비녀를 꽂는다.

⑬ 좌우 균형을 맞춘 후 속 비녀로 수평이 되게 고정한다.

14

15

⑭ 뒤쪽은 댕기를 이용하여 장식을 한다.

⑮ 앞면에도 꽂이로 장식한다.

08 쌍계

(1) 옛날 모습

| 낙산사 동자상

| 당나라 도용에 나타난 쌍계

(2) 완성

(3) 실습 과정

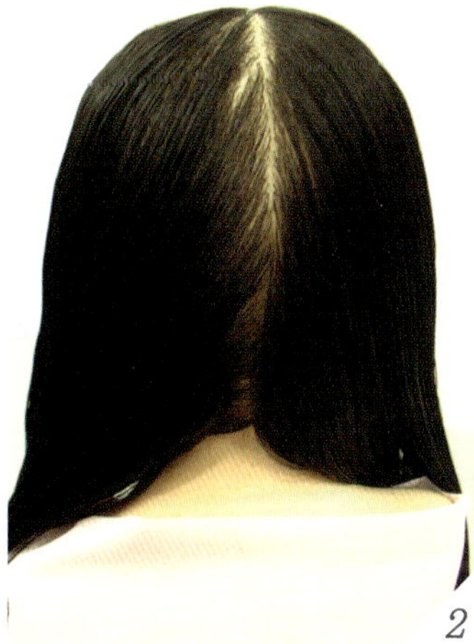

① 분무기 물과 에센스를 사용하여 빗어 내린다.
② 앞가르마에서 뒷머리까지 2등분으로 나눈다.
③ 왼쪽의 모발을 모아서 고무줄로 묶는다.

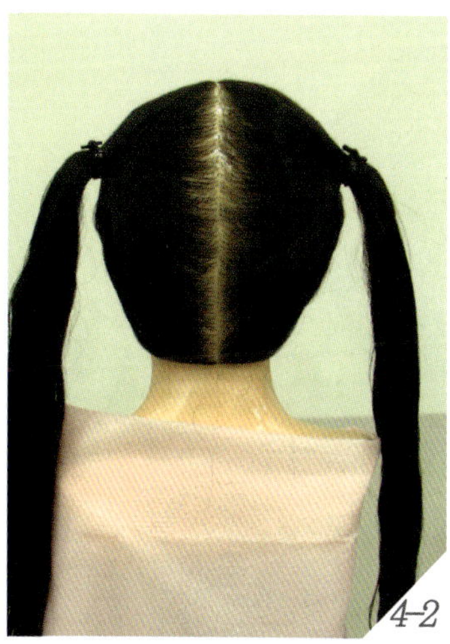

④ 나누어 놓은 왼쪽의 모발을 묶은 상태에서 오른쪽 모발을 왼쪽과 같은 위치에 고무줄로 묶는다.

5

6-1

6-2

⑤ 묶은 모발에 백콤을 넣는다.

⑥ 백콤하여 정리된 모발을 망으로 덮어서 감싼다.

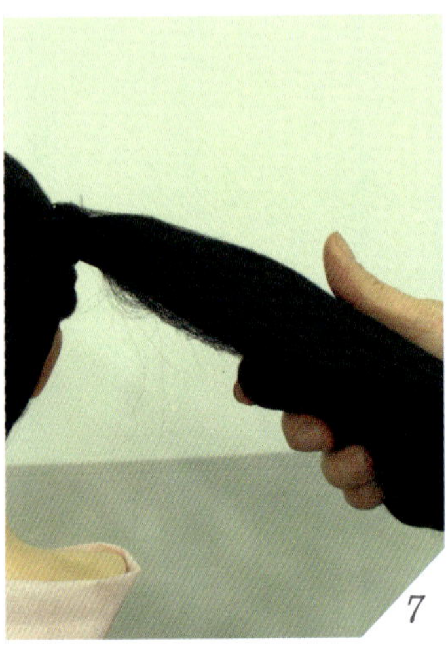
7

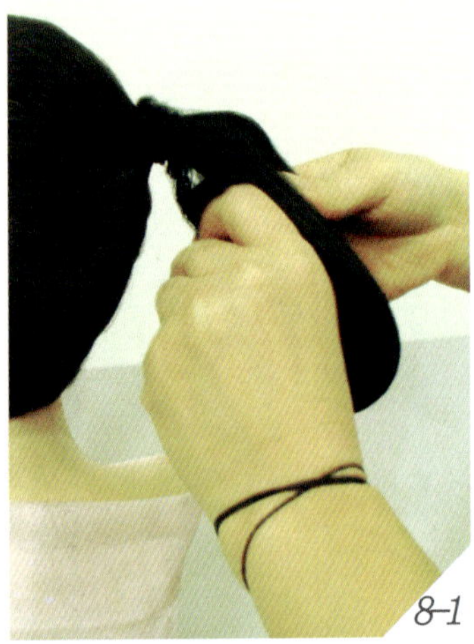
8-1

8-2

⑦ 오른쪽 모발을 망으로 감싼 다음 한 번 접는다.

⑧ 2번 연속해서 접은 후 고무줄로 묶는다.

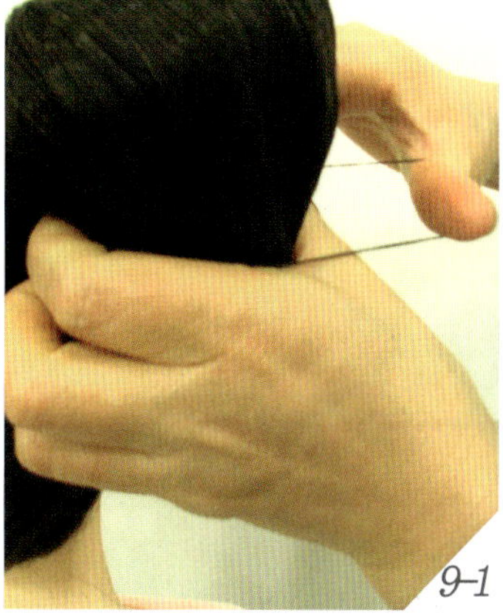
9-1

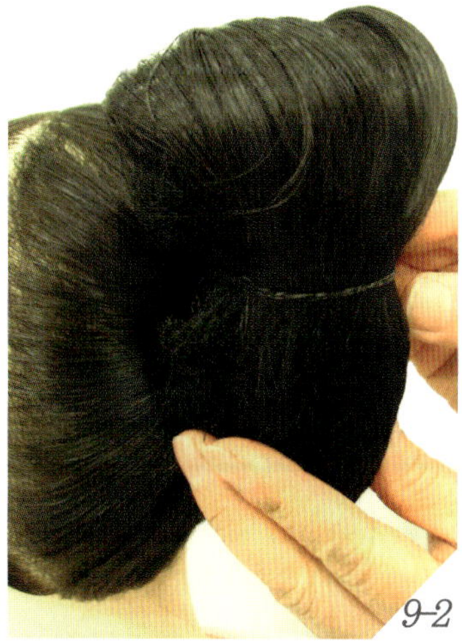
9-2

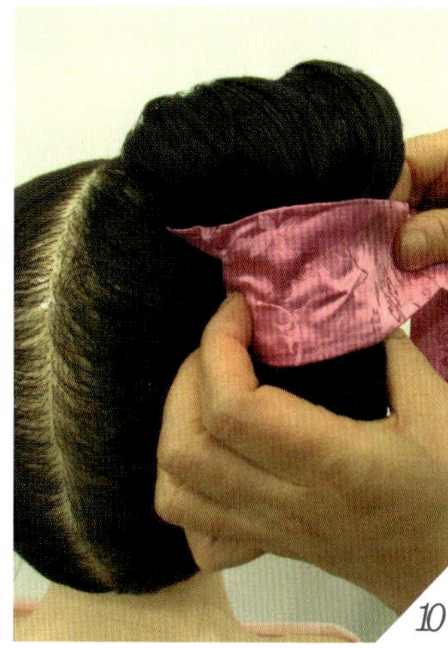
10

⑨ 접은 머리를 두상에 붙이며 고정한다.
⑩ 고정한 위치에 댕기를 이용해서 감싼다.

11

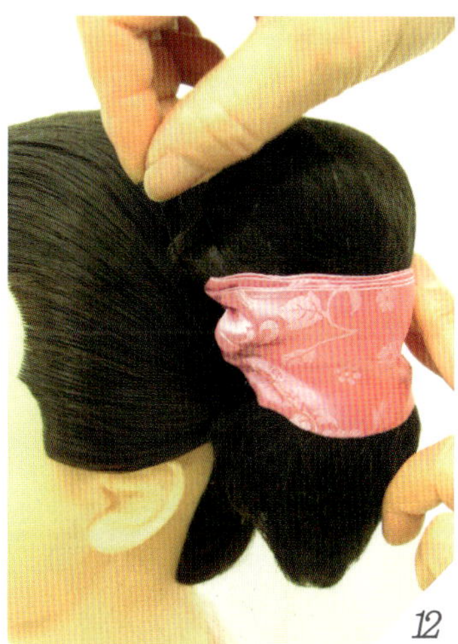
12

13

⑪ 오른쪽 완성된 모습
⑫ 왼쪽도 동일한 방법으로 진행한다.
⑬ 완성된 쌍계

09 쌍아계

(1) 옛날 모습

| 고란사 절뒤 벽화

(2) 완성

| 미혼자 머리 모양

| 기혼자 머리 모양

(3) 실습 과정

1

2-1

2-2

① 물과 에센스를 이용해 곱게 빗는다.

② 양옆 머리를 귀 위로 묶는다.

3

4-1

4-2

③ 묶은 후 긴 고무줄을 짧게 자른다.

④ 반 묶음 윗머리를 두 갈래로 나눈다.

⑤ 두 갈래로 나눈 머리를 중심으로 실핀을 이용해 망 2개를 걸어준다.

⑥ 망을 이용해 두 갈래로 나눈 머리를 씌운다.

7

8-1

8-2

⑦ 망을 씌운 머리를 끝 부분부터 둥글게 말아준다.

⑧ 둥글게 말은 머리를 고무줄로 묶은 부위에 유핀을 이용해 고정한다.

9-1

9-2

9-3

⑨ 반대편도 같은 방법으로 고정하여 준다.

⑩ 남은 밑머리를 목 뒤로 묶어준다.

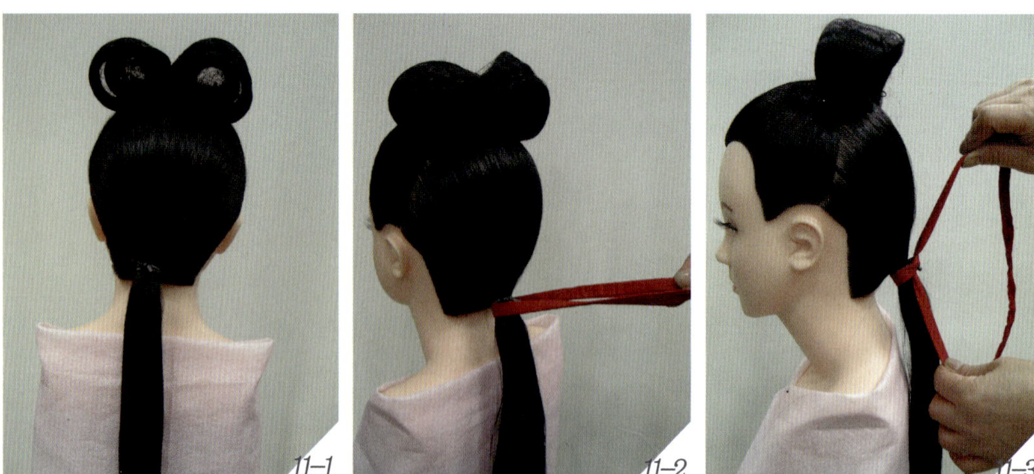

⑪ 묶은 머리에 빨간 댕기로 고무줄을 감싸 묶어준다.

⑫ 나비 모양으로 만들어 묶어준다.

⑬ 완성된 모습

10 기녀머리 I

(1) 옛날 모습

| 야금모행 - 신윤복(간송미술관)

| 술집 - 신윤복(간송미술관)

(2) 완성

(3) 재료

① 큰 가체 ② 작은 가체
③ 댕기 ④ 비녀 ⑤ 꽂이

(4) 실습 과정

1

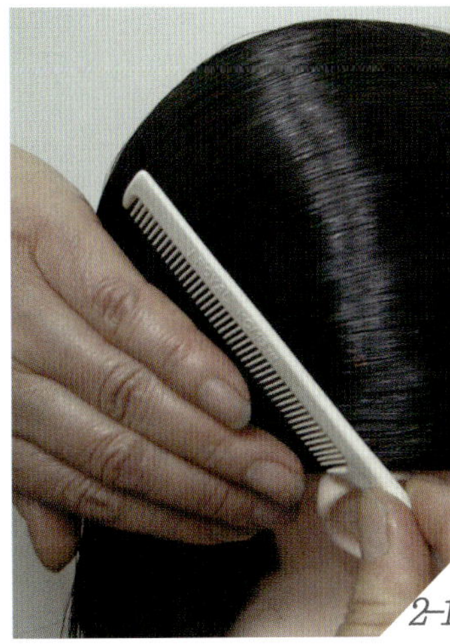
2-1

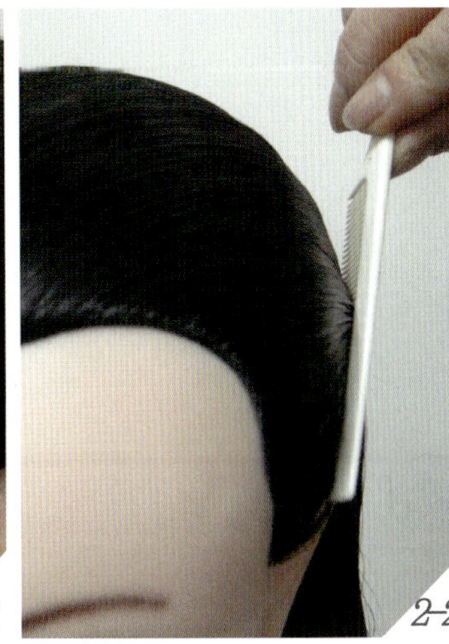
2-2

① 가운데 가르마를 나눈다.

② 가르마를 중심으로 둥글게 빗어준다.

3-1

3-2

4

③ 빗은 머리를 목 뒤 중심점으로 고무줄로 묶어준다.

④ 묶은 머리를 세가닥으로 나누어 땋아준 후 망을 씌운다.

5-1

5-2

5-3

⑤ 뒤로 묶은 부분에 댕기를 감아 시침핀을 꽂아준다.

6-1

6-2

7-1

⑥ 땋은머리를 쪽의 형태로 만든다.

⑦ 가르마 3cm 부분에 속가체를 얹어준다.

7-2

8-1

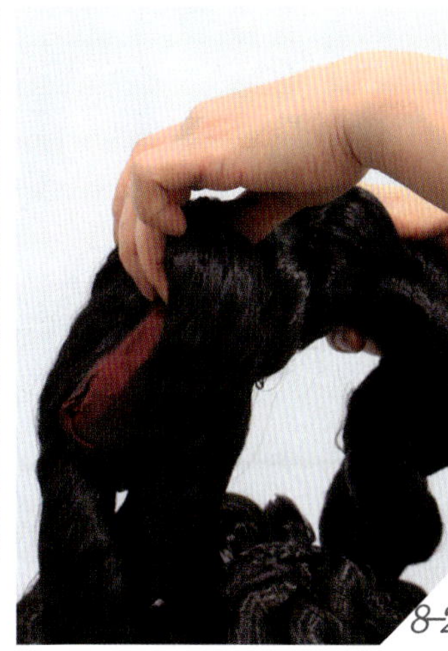
8-2

⑧ 묶은 머리를 중심으로 큰가체를 얹는다.

9-1

9-2

9-3

⑨ 큰가체를 얹어 고정한 다음 가체를 틀기 전에 속가체를 넣어준다.

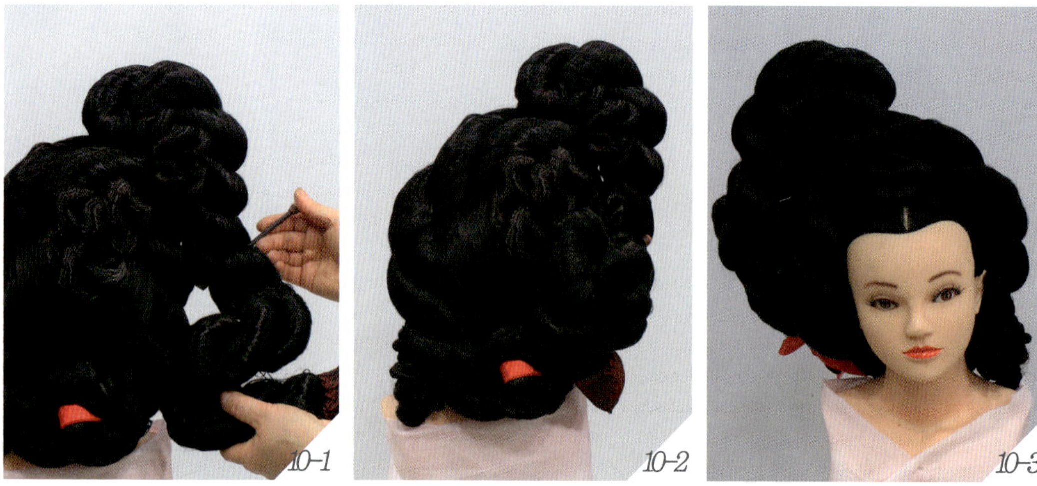

⑩ 속비녀를 써가며 단단히 고정하여 준다.

⑪ 비녀와 꽂이를 이용해 장식한다.

⑫ 완성작

11 퓨전 트레머리

(1) 완성

(2) 재료

① 가체 ② 싱 ③ 댕기
④ 비녀 ⑤ 댕기 ⑥ 꽂이

(3) 실습 과정

① 가운데 가르마를 나누어서 곱게 빗어준다.

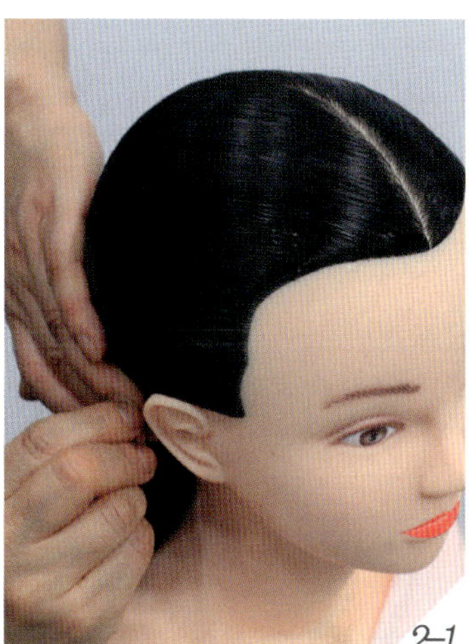

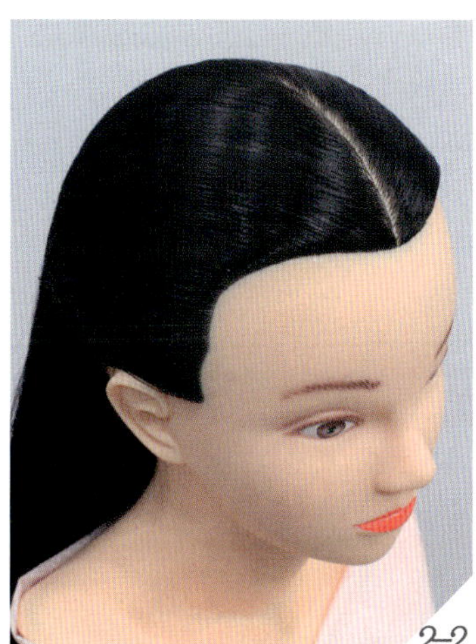

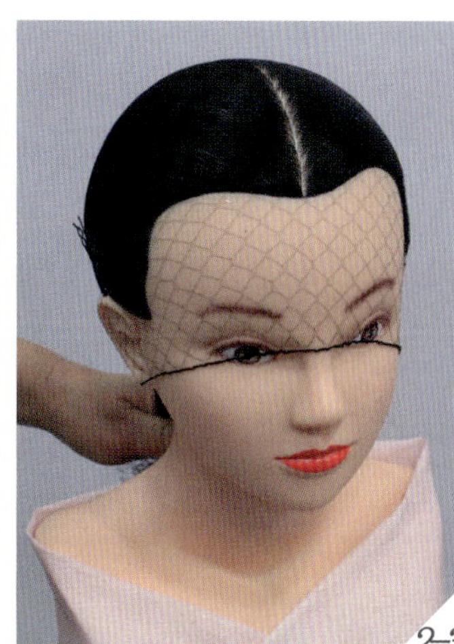

② 망을 씌워 묶어준다.

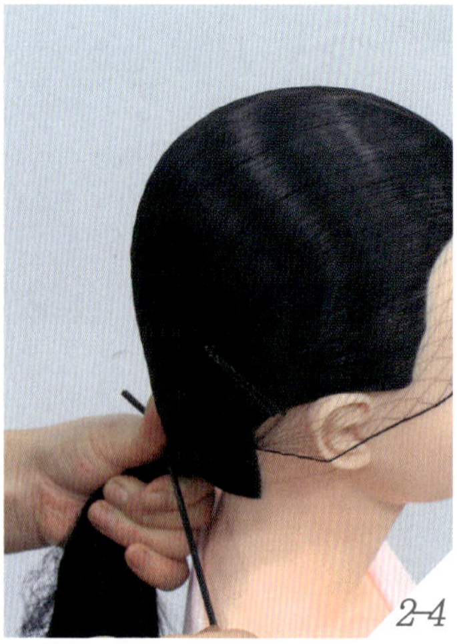
2-4

2-5

3-1

③ 세 갈래로 나누어 땋아준다.

3-2

3-3

4

④ 가체 끝 부분을 망으로 감싸준다.

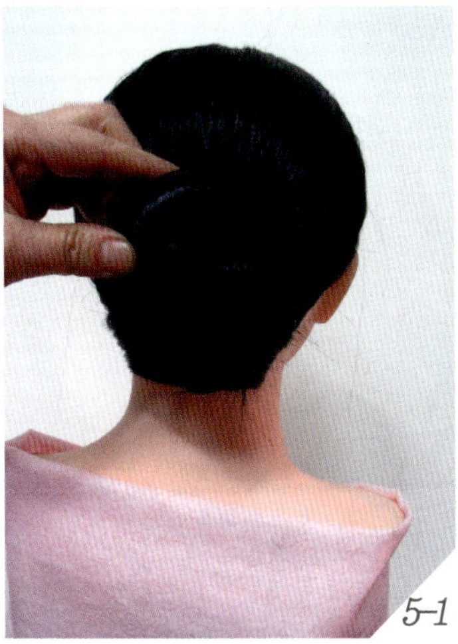
5-1

5-2

5-3

⑤ 둥글게 감은 머리카락을 유핀으로 고정한다.

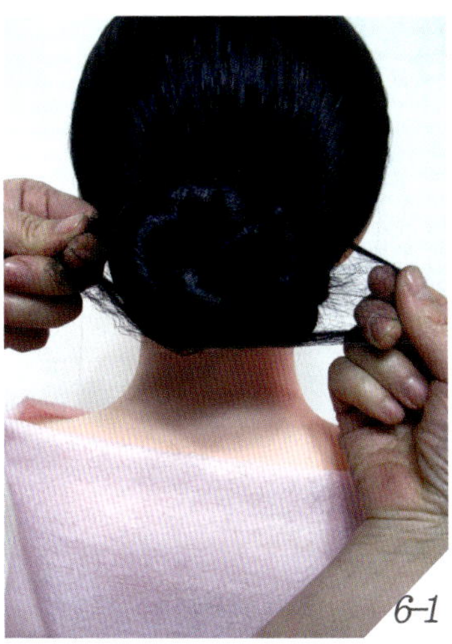
6-1

6-2

6-3

⑥ 망을 씌운 후 깔끔하게 처리하여 유핀을 꽂는다.

⑦ 땋은머리를 한 바퀴 돌려서 기둥에 묶어준 다음 고정시켜 준다.

⑧ 땋은머리 위에 가체를 하나씩 연결하여 유핀으로 고정한다.

9-2

9-3

⑨ 꽂이를 이용해 장식한다.

12 고계형 화계

(1) 옛날 모습

(2) 완성

(3) 재료

① 가체　② 머리 싱　③ 꽃

(4) 실습 과정

① 분무기의 물과 에센스를 사용하여 곱게 빗어 내린다.
② 귓바퀴 지점에서 위로 곱게 빗어 왼손으로 균형을 잡는다.
③ 정수리에 고무줄로 단단하게 묶는다.

④ 묶은 머리를 세 가닥으로 땋아서 끝 부분에 묶어준다.
⑤ 끝머리를 망으로 잘 감싸준다.
⑥ 정수리에 딴 머리를 둥글게 돌린다.

7

8-1

8-2

⑦ 둥글게 말아서 유핀으로 고정시킨다.

⑧ 아랫부분 내린 머리를 곱게 빗어 땋은 후 고무줄로 묶는다.

9

10-1

10-2

⑨ 땋은머리 끝 지점을 망으로 덮어서 처리한다.

⑩ 둥글게 돌려서 목 지점에서 유핀으로 고정시킨다.

11

12-1

12-2

⑪ 미리 두 가닥으로 꼬아 놓은 가체를 둥글게 말아서 고무줄로 묶는다.

⑫ 꼬아 놓은 가체를 두상에 얹어 놓은 다음 꽂이로 흔들리지 않게 고정한다.

13-1

13-2

13-3

⑬ 목 뒤쪽에 비녀와 핀으로 전체 고정시킨다.

14

15-1

15-2

⑭ 가체를 둥글게 위로 높이 쌓아 올린다.

⑮ 높이 쌓아 올린 가체는 긴 나무 비녀로 위에서 밑으로 고정시킨다.

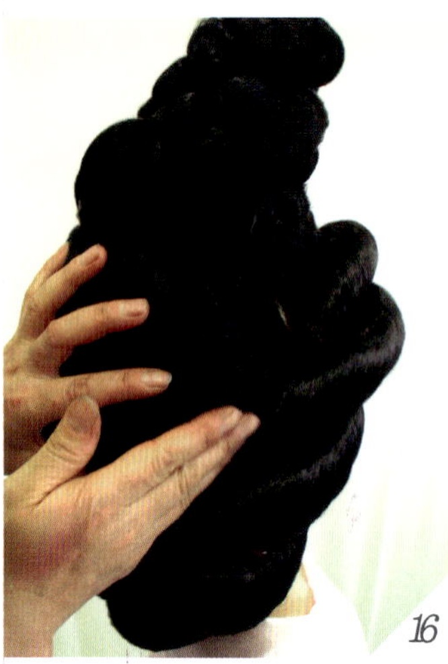
16

17

⑯ 뒷머리 부분에 미리 만들어 놓은 머리 싱으로 두상을 덮는다.

⑰ 가늘게 세 가닥으로 땋은 가체를 길게 만들어서 중심부로 연결해서 유핀으로 꼽는다.

⑱ 백화를 꽂아 장식한다.

⑲ 완성된 모습

13

궁녀머리

(1) 재현 모습

(2) 완성

(3) 재료

① 싱 ② 꽂이

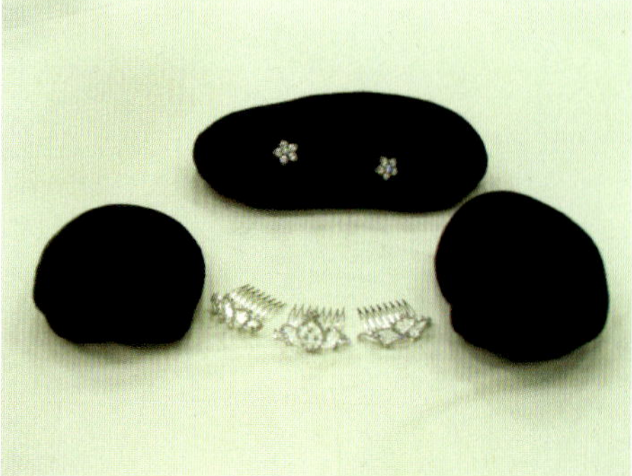

(4) 실습 과정

1

2-1

2-2

① 분무기의 물과 에센스를 사용하여 곱게 빗어 내린다.

② 곱게 빗은 머리를 정수리까지 앞가르마를 나눈 후 3등분으로 나누어서 묶는다.

3-1

3-2

3-3

③ 나눈 머리를 세 가닥으로 곱게 땋아준다.

4

5-1

5-2

④ 세 가닥으로 땋은머리를 깔끔하게 정리한다.
⑤ 망을 씌어 만든 가체를 묶음 부분에 올려 놓는다.

6

7

8

⑥ 땋은머리를 둥근 가체를 중심으로 둥글게 돌려준다.
⑦ 5~6번과 같은 방법으로 만들어 준다.
⑧ 땋아 놓은 모발 위에 둥근 가체를 길게 해서 중심 부위에 올려서 핀으로 고정한다.

9-1

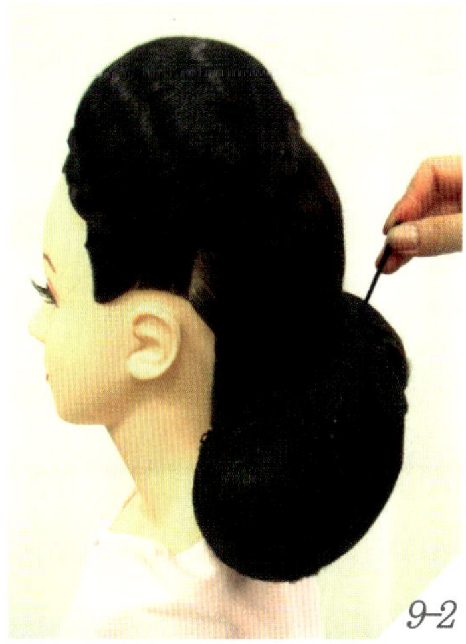
9-2

9-3

⑨ 큰 가체 겉으로 땋은머리를 돌려서 가체 안으로 돌려주며 마무리한다.

10-1

10-2

11-1

⑩ 유핀을 귀 뒤쪽으로 들뜨지 않게 고정한다.

⑪ 목 지점 양쪽에 장식을 하고 핀으로 마무리한다.

11-2

12

⑫ 완성된 머리 모습

14 건곽

(1) 옛날 모습

| 쌍영총 귀부인

| 각저총 부인상(삼국시대)

(2) 완성

(3) 재료

① 건곽 모자 ② 땋은머리
③ 속 비녀 ④ 싱

(4) 실습 과정

1

2-1

2-2

① 에센스나 오일을 발라서 곱게 엉키지 않도록 빗어준다.

② 양쪽 귓등을 기준하여 2등분으로 나누어 정수리 부분에 묶어준다.

3-1

3-2

4

③ 묶은 모발을 세 가닥으로 땋아준다.

④ 땋은머리 끝 부분을 망으로 씌워준다.

5-1

5-2

5-3

⑤ 땋은머리를 시계 방향으로 돌려서 핀으로 고정한다.

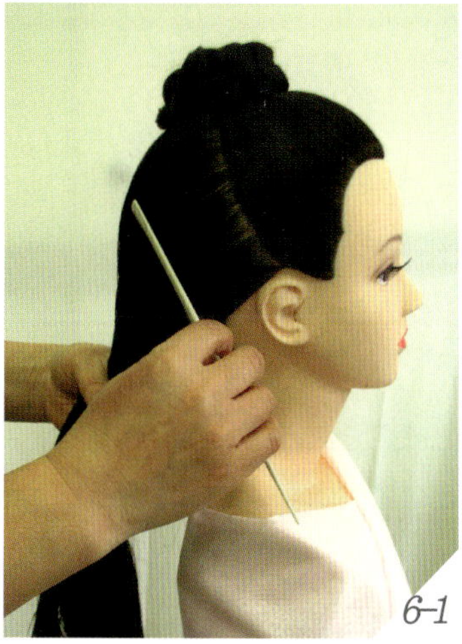
6-1

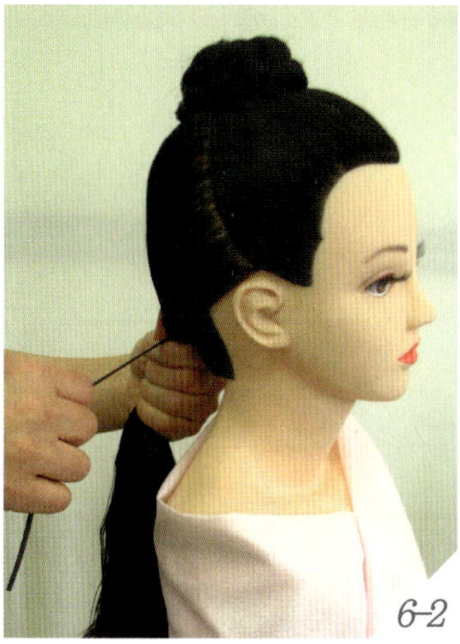
6-2

6-3

⑥ 남은 밑머리는 엉키지 않도록 곱게 빗겨서 묶어준다,

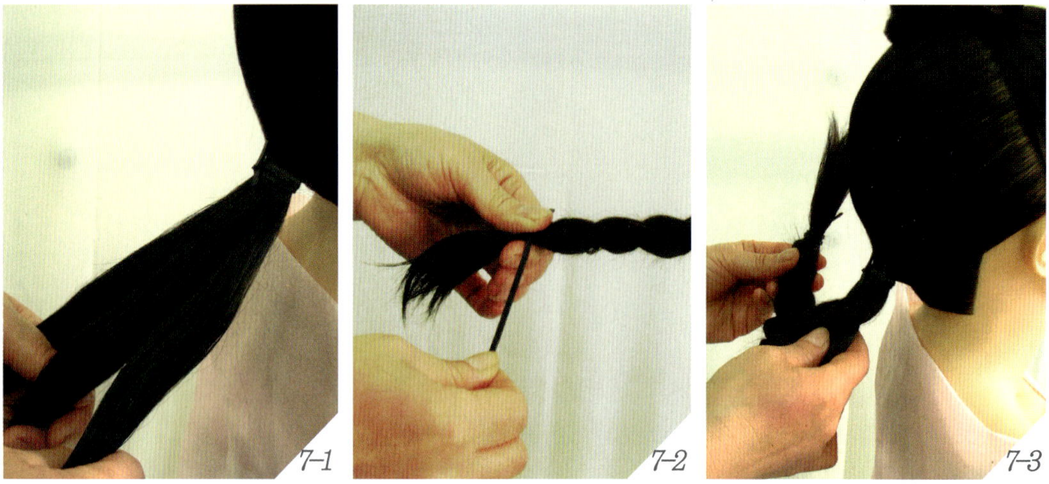

⑦ 묶은 머리를 세 가닥으로 땋아서 모발 끝 부분을 망으로 감싸준다.

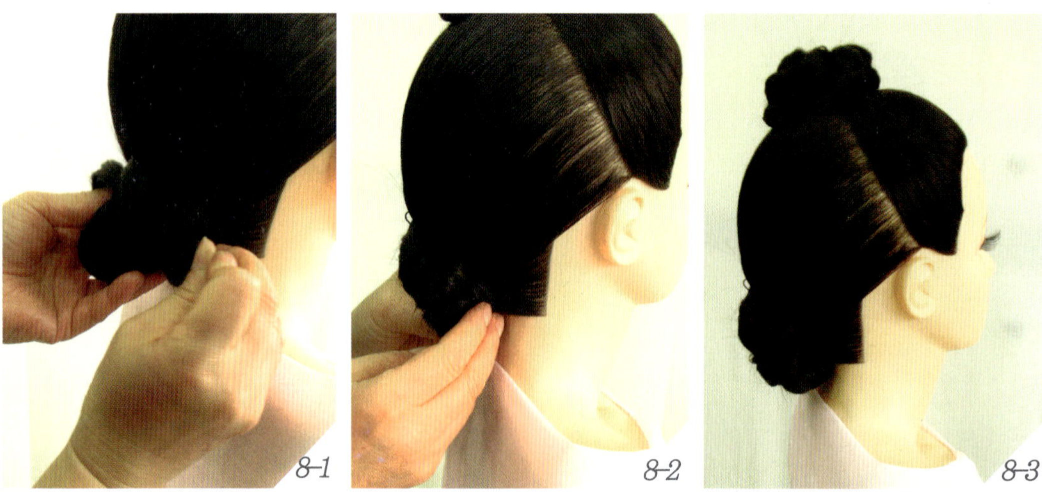

⑧ 감싸준 머리를 왼쪽 방향으로 돌려서 핀으로 단단하게 고정해준다.

9-1

9-2

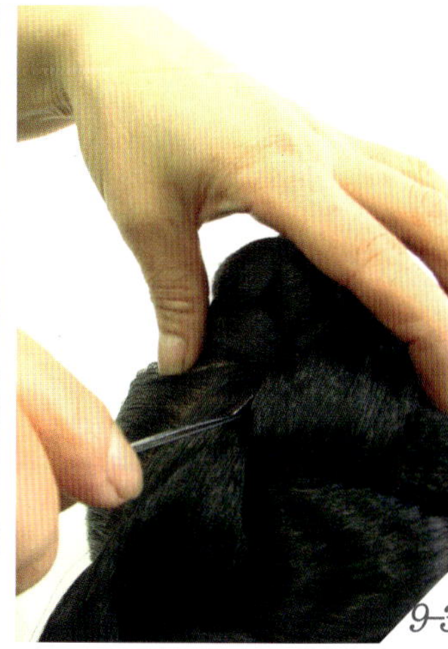
9-3

⑨ 미리 땋아 놓은 가체를 정수리에 얹어 놓는다.

10-1

10-2

10-3

⑩ 얹어 놓은 가체를 고정하려고 핀으로 꽂는다.

11-1

11-2

11-3

⑪ 얹어 놓은 가체의 양쪽 밑 부분은 꽂이로 단단하게 고정을 시켜준다.

12-1

12-2

12-3

⑫ 뒷쪽에는 만들어 놓은 싱으로 덮어서 핀으로 꽂아 정리한 다음 건괵 모자를 씌워준다.

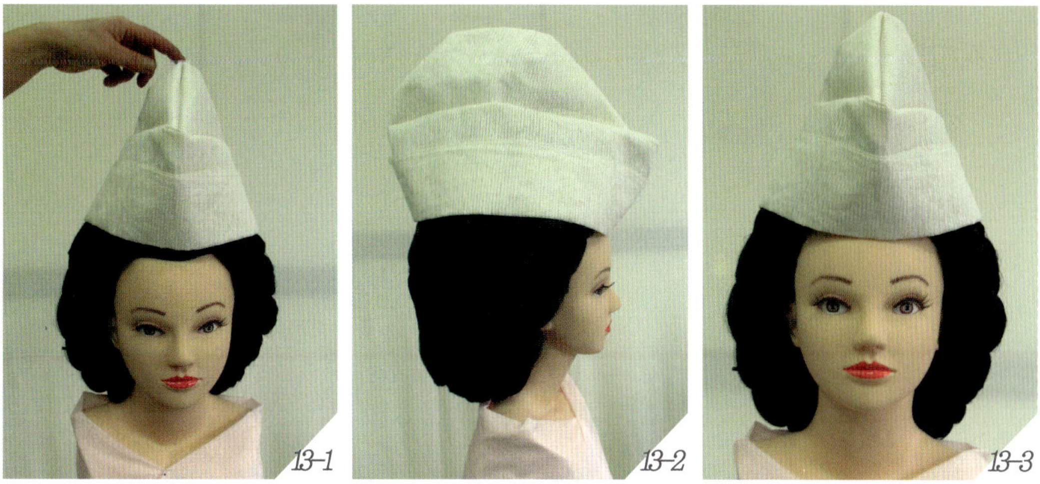

⑬ 완성된 모습

15

거두미(巨頭味)

(1) 옛날 모습

| 1870년대의 거두미 지밀상궁

| 궁녀(조선시대 말)

(2) 완성

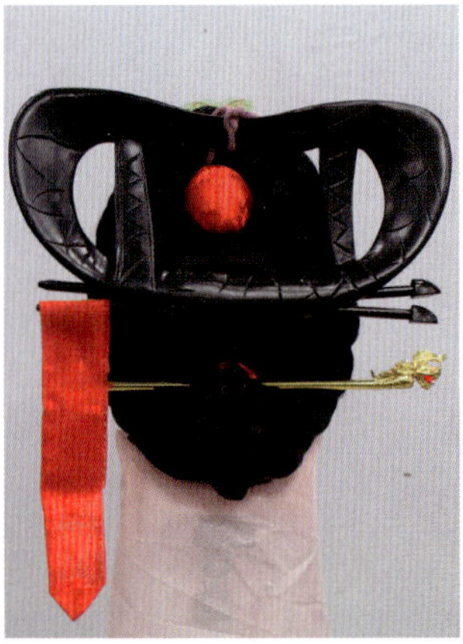

(3) 재료

① 쪽 가체 ② 큰 가체 2개
③ 어염족두리 ④ 비녀
⑤ 댕기 ⑥ 떨잠 ⑦ 떠구지

(4) 실습 과정

1-1

1-2

2

① 가운데 가르마를 나눠서 빗으로 곱게 뒤로 빗는다.
② 곱게 빗은 머리를 목 뒤로 묶어 이마 위로 망을 씌워 묶는다.

3

4

5

③ 뒤쪽에 묶는 부분을 두 갈래로 나누어 세 가닥으로 땋은 끝 부분을 망으로 처리한다.
④ 가체를 연결한다.
⑤ 연결한 가체 끝에 댕기를 연결한다.

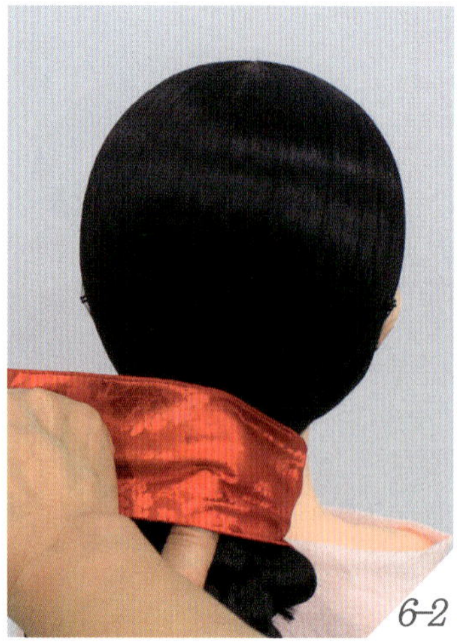

⑥ 가체 끝 댕기로 묶음을 감싸 시침핀을 꽂는다.

⑦ 쪽의 형태를 만든다.

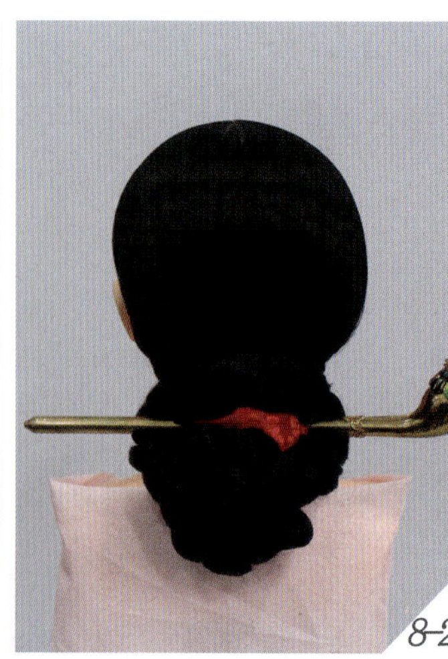

⑧ 비녀를 꽂는다.

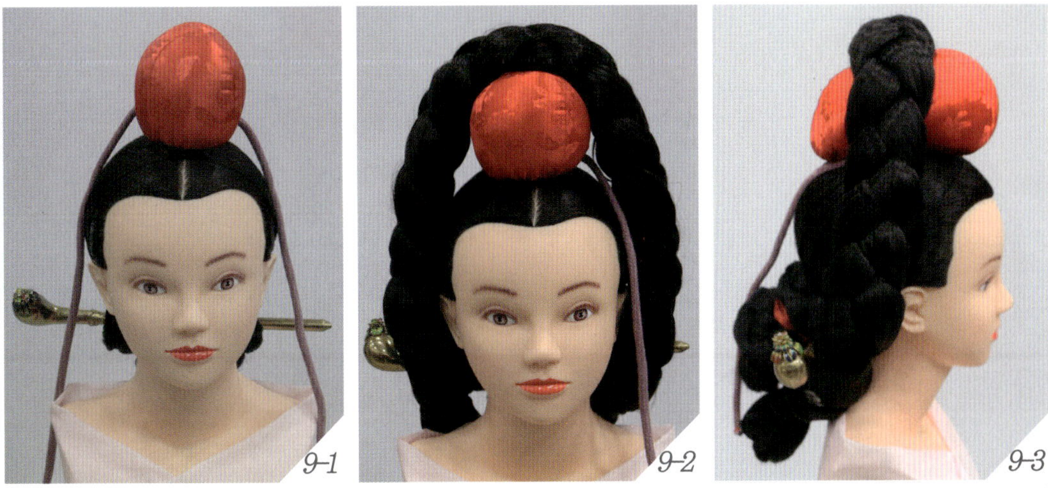

⑨ 가체 1단을 얹어서 고정한다.

⑩ 가체 2단을 얹어 고정하여 묶어준다. 가체의 고정은 속비녀를 이용한다.

11

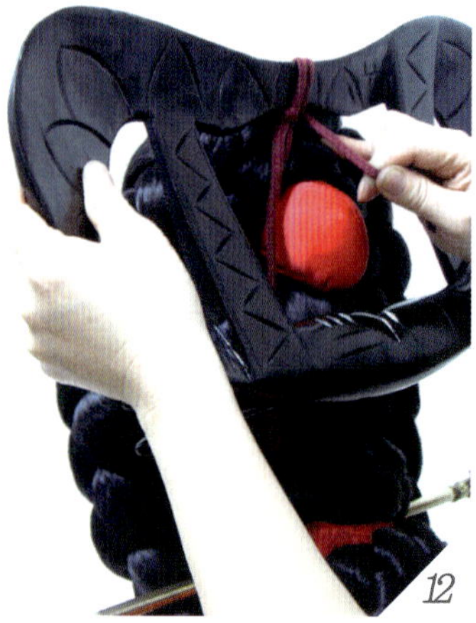
12

13-1

⑪ 작은 비녀를 큰 비녀로 바꿔준다.

⑫ 어염족두리 끈으로 떠구지를 연결하여 준다.

13-2

13-3

⑬ 떨잠과 댕기로 장식한다.

16 직녀

(1) 옛날 모습

| 덕흥리 고분벽화(견우와 직녀)

| 덕흥리 고분벽화

(2) 완성

(3) 재료

① 땋은머리 中 2　② 땋은머리 小 2　③ 감아놓은 가체 2개

(4) 실습 과정

1-1

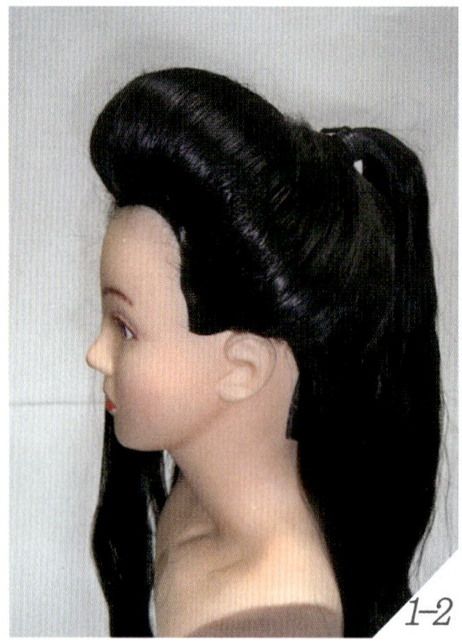
1-2

1-3

① 헤어라인을 빼고 가운데 머리를 위로 묶는다.

2-1

2-2

3

② 묶은 머리를 중심으로 둥글게 싱을 넣어 볼륨 있게 올린다.

③ 묶은 머리를 세 가닥으로 땋는다.

4

5-1

④ 땋은 세 가닥의 머리를 묶음을 중심으로 둥글게 감는다.
⑤ 둥글게 묶은 머리에 준비해둔 가체를 올려 고정한다.

5-2

6

⑥ 두 번째 단도 같은 방식으로 올려 연결한다.
땋은머리 2가닥을 귀 옆으로 연결하여 내린다.

7

8

⑦ 감아놓은 가체 위에 얇게 땋은머리를 늘려 드린다.
⑧ 완성작

9

⑨ 다른 작품

17 불화

(1) 옛날 모습

(2) 완성

(3) 재료

① 꼰 가체 2개 ② 롤피스 5개 ③ 액세서리 ④ 꼰 가체 ⑤ 망 ⑥ 핀

(4) 실습 과정

1-1

1-2

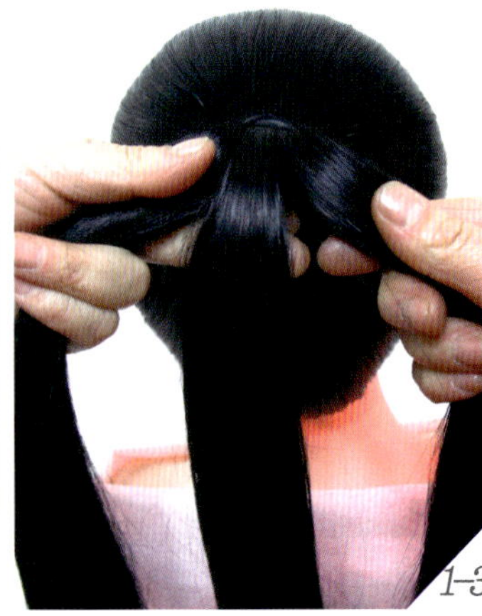
1-3

① 머리를 곱게 빗어 에센스를 사용하여 정수리 부분에 묶어준다.

2-1

2-2

3

② 묶은 머리를 세 가닥으로 땋아준다.

③ 땋은머리 끝 부분을 망으로 감싼다.

4-1

4-2

4-3

④ 땋은머리를 둥글게 돌려서 말아 고정한다.

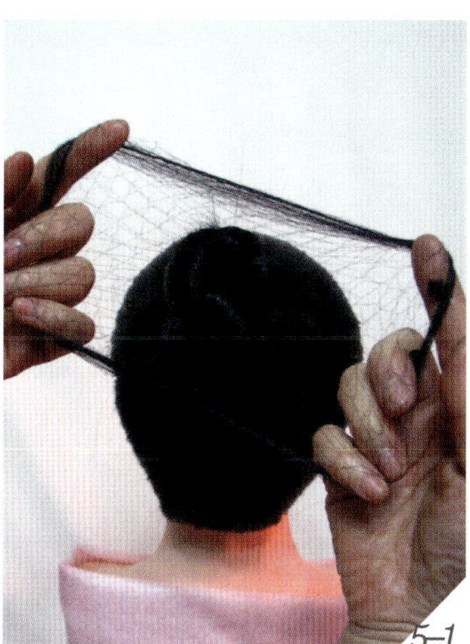
5-1

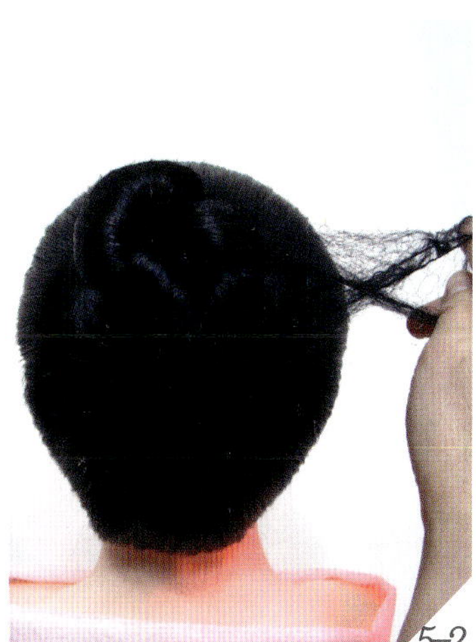
5-2

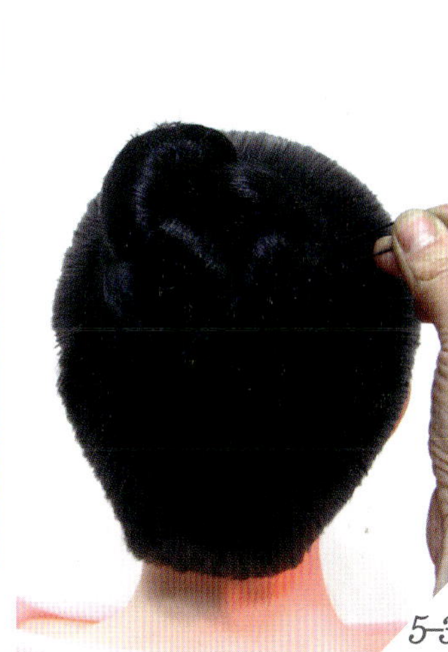
5-3

⑤ 망을 씌워 깔끔하게 고정하여 준다.

⑥ 가체로 꼰 머리 두 개를 연결하여 묶은 기둥에 고무줄로 단단하게 묶어준다.

⑦ 연결한 가체를 양쪽 어깨를 기준으로 연결하여 준다.

8-1

8-2

8-3

⑧ 머리 중앙 부위를 고무줄이 안 보이게 작은 가체로 감아준다.

9

10

⑨ 감아준 가체에 원형 다섯 개의 고리형을 고정하여 준다.

⑩ 꽂이로 장식하여 준다.

18 각시탈

(1) 옛날 모습

(2) 완성

(3) 재료

① 가체 3개

(4) 실습 과정

1

2-1

2-2

① 머리카락을 곱게 빗어 뒤쪽 위로 올려 잡는다.
② 잡은 머리카락을 고무줄로 단단하게 묶어준다.

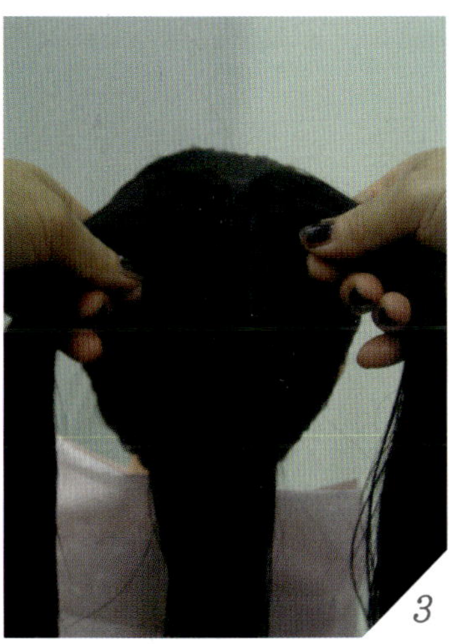
3

4-1

4-2

③ 묶은 머리를 세 가닥으로 나누어 준다.
④ 세 가닥으로 나눈 머리카락을 세 가닥 땋기를 한다.

⑤ 땋은머리를 고무줄로 묶어준다.
⑥ 묶은 머리끝을 망으로 정리하여 준다.

⑦ 땋은머리를 둥글게 감아준다.
⑧ 둥글게 감은 머리를 유핀으로 고정한다.

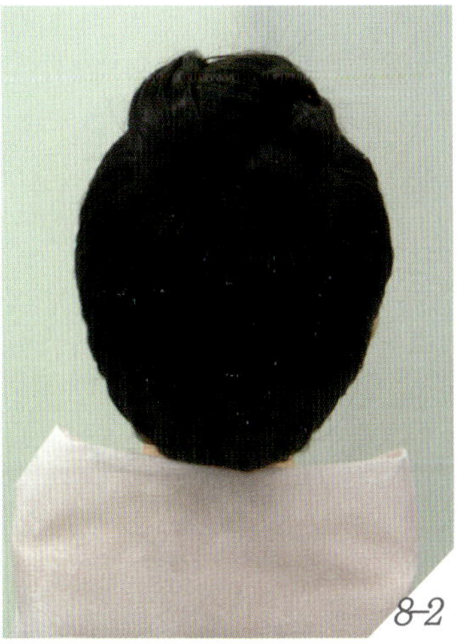
8-2

9-1

9-2

⑨ 가체의 끝 부분을 합쳐 고무줄로 묶는다.

10

11

12

⑩ 묶은 가체 두 개를 연결하여 고무줄로 묶어준다.

⑪ 묶은 가체를 얹어 속비녀로 고정한다.

⑫ 속비녀로 고정한 가체 위에 가체를 일자 형태로 얹어 준다.

13-1

13-2

13-3

⑬ 얹은 가체 위에 속비녀로 고정하여 준다.

14

⑭ 완성된 작품

19 영사계

(1) 옛날 모습

(2) 완성

(3) 재료

① 가체 ② 플라스틱 컵 2개 ③ 검정테이프 ④ 댕기

(4) 실습 과정

1

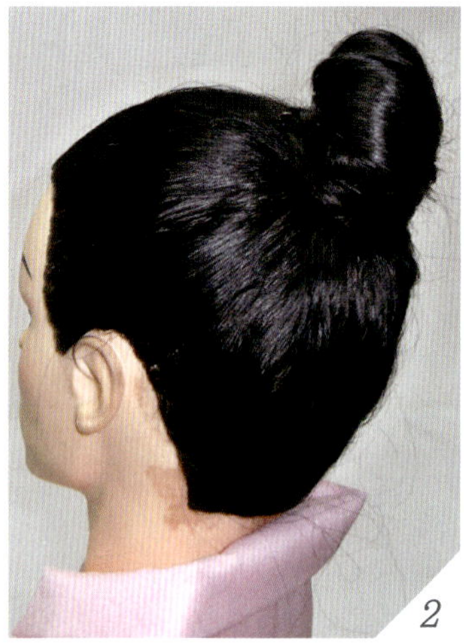
2

3

① 전체 모발을 곱게 빗은 다음 후두부에 모은 다음 묶는다.
② 묶은 모발은 한데 모은 다음 틀어서 핀으로 고정한다.
③ 묶은 모발에 준비해둔 꼰 머리를 위에 얹은 다음 핀으로 고정한다.

4

5

6

④ 미리 준비한 관을 올려서 고정한다.
⑤ 완성된 뒷모습
⑥ 완성작

20 아환계

(1) 옛날 모습

(2) 완성

(3) 재료

① 가체 ② 플라스틱 컵 2개 ③ 검정 테이프 ④ 액세서리

(4) 실습 과정

1-1

1-2

2

① 플라스틱 둥근 것을 검정 테이프로 붙힌 다음 가늘게 땋은머리를 돌려준다.
② 2번 관 위에 별도로 준비한 환계형은 올려서 고정

3

4

5-1

③ 완성된 관
④ 본머리를 뒤로 묶어준 다음 꼬아 놓은 가체를 정수리 중심으로 고정해준다.
⑤ 만들어 놓은 관을 올려서 핀으로 고정한다.

5-2

6-1

6-2

⑥ 완성 후 액세서리를 달아 마무리한다.

21 힐자계

(1) 옛날 모습

| 고구려 안악 3호분

(2) 완성

(3) 재료

① 가체 ② 검정 테이프 ③ 하드보드지 ④ 머리 싱 ⑤ 실리콘 총
⑥ 검정색 실리콘 ⑦ 댕기

(4) 실습 과정

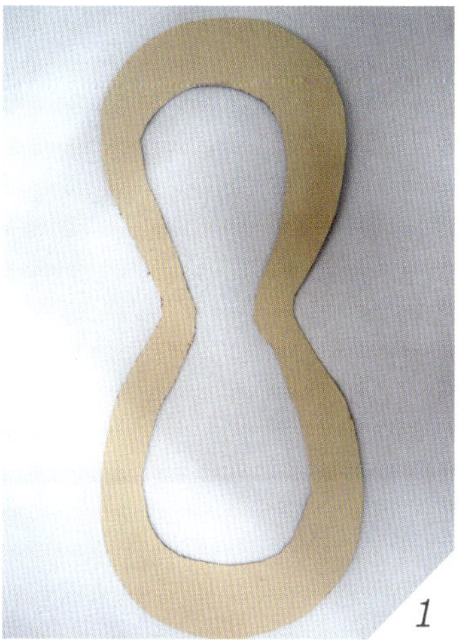
1

2-1

2-2

① 하드보드지를 8자 모양으로 자른다.

② 자른 하드보드지를 검정색 테이프로 감아준다.

3-1

3-2

4

③ 테이프를 감은 틀에 가체를 돌려가면서 감아준다. 안쪽 방향은 감는 가체가 좁고 바깥쪽 방향은 넓게 펴주면서 감아준다.

④ 틀에 가체를 감을 때 중간 부분마다 실리콘을 이용하여 마무리한다.

5-1

5-2

6-1

⑤ 머리를 곱게 빗겨준 다음 정수리를 중심으로 하여 1/3 정도만 V자형으로 나눈 다음 검정 고무줄로 묶어준 다음 머리 싱을 길게 만들어서 이마 위로 고정한다.

6-2

6-3

6-4

⑥ 양쪽 귀를 중심으로 머리 싱을 넣고 균형을 잘 맞춘 다음 본머리로 곱게 갈라지지 않도록 감싸준다.

7-1

7-2

7-3

⑦ 묶은머리 위에 둥근머리 싱을 얹어서 핀으로 고정한 다음 남아 있는 머리로 감싸 준다.

8-1

8-2

8-3

⑧ 머리 싱을 감싸준 다음 머리 망으로 흘러내리지 않도록 감싸주고 만들어 놓은 틀을 얹어서 고정한다.

9-1

⑨ 작품 완성 후 댕기와 액세서리를 달아서 마무리한다.

9-2

22 관기머리

(1) 옛날 모습

| 기영회도 부분도(선조조)

(2) 완성

(3) 재료

① 가체
② 딴머리 3
③ 댕기
④ 장식

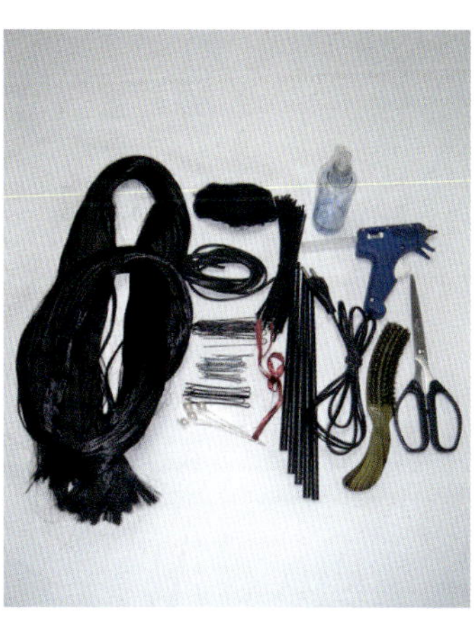

(4) 실습 과정

1-1

1-2

2

① 가운데 가르마를 타서 뒷머리에 묶는다.
② 묶은 머리를 세 가닥으로 땋아 둥글게 감는다.

3

4-1

4-2

③ 가르마에 3cm 부분을 중심으로 가체를 얹어 올린다.
④ 같은 방식으로 땋은 가체를 한 단 더 올린다.

5

6-1

6-2

⑤ 가체를 둥글게 말아 머리 위 정수리 왼쪽에 올려서 고정한다.

⑥ 쌍계 형식으로 올린 후 좌우에 고정한다.

6-3

7-1

7-2

⑦ 장식을 얹는다.

⑧ 완성 작품

23 퓨전 대수머리

활동 자료

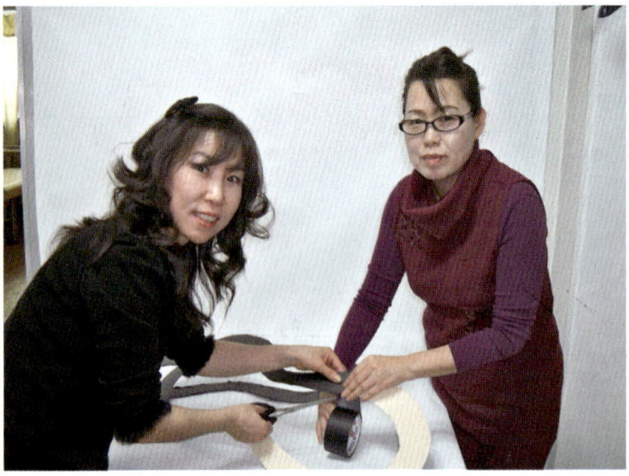

2009. 9 고구려 가체 전시관(광진구)

2009. 10 선사시대(강동구)

2009. 9 평강공주와 온달장군(광진구)

2009 덕수궁

2009 건국대 전시(충주시)

2009 심학산 돌곶이 축제(파주시)

2009, 2010 파주향교 전통혼례(파주시)

2010 G20 서울시청 앞 광장(고전머리 공모전)

2010. 3 알제리

2010. 12 대만 대회

2010 율곡문화제(파주시)

2011 청와대 사랑채(시현)

2011. 5. 3 JBU 미용대회 전통머리 쇼(AT센터)

참고문헌

- 신화하는 신사임당(강원일보, 2009)
- 조선 후기 여성의 머리형태 재현에 의한 현대 업스타일에 관한 연구 (조미영, 박사학위 논문, 2004.6)
- 한국여인의 전통머리 모양(임린, 민속원, 2009)
- 미용학 개론(이군자 외, 도서출판 중원사, 2008)
- 한국 헤어스타일의 변천(홍도화, 한국미용장중앙회, 2006)
- 업스타일 총론(강미영 외, 청구문화사, 2007)
- 우리나라 옛 여인의 머리 치장(정매자 외, 청구문화사, 2008)
- 고궁의 보물(예맥, 2008)
- 역사 스페셜 5-미스터리 인물들의 숨겨진 이야기 (송영만, 효형출판, 2009)
- 바람의 화원[박인화, (주)밀리언 하우스, 2007]
- 역사 스페셜 1 – 고대사의 흥미진진한 블랙박스들 (송영만, 효형출판, 2009)
- 역사 스페셜 2 – 가야인도 성형수술을 했다 (송영만, 효형출판, 2009)
- 바람의 화원 2 [박인화, (주)밀리언 하우스, 2007]
- 한국 여인의 발자취(손미경, 이환, 2004)
- 명성왕후(경기도 여주군)
- 올림머리에 따른 메이크업에 관한 연구 – 얼굴 이미지와 얼굴형을 중심으로(한현정, 논문, 2006)
- 고전머리 따라하기(손미경, 미디어뷰, 2007)
- 세계문화유산 고구려 고분벽화(김리나, 예맥 출판사, 2005)
- 고려에서 조선시대로 복식이 어떻게 급격하게 바뀌었는지 답변(네이버)
- 안악 3호분(야후 블로그)
- 댕기에 관한 연구 – 댕기 종류 특징 중심으로(이승현, 석사 논문)
- 한국 여성 전통머리 양식의 미적 특성에 관한 연구(김진숙, 박사 논문)
- 벽화에 나타난 고구려의 머리 모양과 문화유산(김용문, 원주대)

- 조선시대 궁중 여성 수발 양식에 관한 고찰 및 재현(김진수, 박사 논문)
- 우리나라 업스타일의 변천과 재현에 관한 연구
(손복심, 광주여자대학교 미용과학대학원)
- 벽화여 고구려를 말하라[강맑실, (주)사계절 출판사, 2004]
- 고려시대 원 간섭기 일반 복식의 변천(김문숙, 이학박사 논문)
- 고구려 벽화에 나타난 여성들의 머리 형태 연구
(이은주, 조선대학교 산업대학원 석사 논문)
- 생활한복 책(조효순)
- 조선시대 트레머리 유래에 관한 고찰(김경애, 조고미)
- 명성왕후(다음 검색)
- 궁중과 관아의 기생들(다음 카페)
- 문화원형백과(다음 검색)
- 디지털 한글박물관(http://www.hangeulmuseum.org/)
- 국립중앙도서관(http://www.nl.go.kr/)
- 서울대학교 규장각(http://kyujanggak.snu.ac.kr/)
- 네이버 백과사전
- 韓國圖書解題(박성의, 교려대학교민족문화연구소, 1971)
- 조선왕실의 의례와 생활, 궁중문화(신명호, 돌베게, 2002)
- 우리나라 여성의 머리 양식사(이선재 · 김정진, 신광출판사, 2003)
- 의식주, 살아 있는 조선의 풍경(한국고문서학회, 역사비평사, 2006)
- 서울 육백년사
- 옛한글 정보 데이터베이스(http://ikc.korea.ac.kr/~cnsc/ocdb/)
- 미용문화사 책, 곽형심 외, 2004
- 풍속에 나타난 조선 후기 예정의 두식, 류경자, 한남대학 사회문화과학대학원
- 한국미용 100년, 김수정, 東西交流, 2005
- 국립경주박물관
- 국립광주박물관
- 국립대구박물관
- 국립부여박물관
- 국립중앙박물관
- 국립민속박물관
- 국립고궁박물관

[집필진]

• 조성옥 | 서정대학 피부미용과 교수
IBU 전통머리 회장
• 이인희 | 서정대학 피부 미용과 학과장

고전으로 본 전통머리

2011년 9월 2일 1판 1쇄 인쇄
2011년 9월 7일 1판 1쇄 발행
지은이: 조 성 옥 · 이 인 희
펴낸이: 박 정 태
펴낸곳: **광 문 각**

413-756
경기도 파주시 교하읍 문발리 파주출판문화도시
500-8번지 광문각빌딩 4층
등 록: 1991. 5. 31 제12-484호
전화(代): 031)955-8787
팩 스: 031)955-3730
E-mail: kwangmk@unitel.co.kr
홈페이지: www.kwangmoonkag.co.kr

ISBN : 978-89-7093-642-0 93590

정가 : 28,000 원

KSPA 한국과학기술출판협회회원